ERNST-MICHAEL KRANICH

Pflanzen als Bilder der Seele

ERNST-MICHAEL KRANICH

PFLANZEN ALS BILDER DER SEELE

Skizze einer physiognomischen Naturerkenntnis

VERLAG FREIES GEISTESLEBEN

Neuausgabe 2020
(3. Auflage)

Verlag Freies Geistesleben
Landhausstraße 82, 70190 Stuttgart
www.geistesleben.com

ISBN 978-3-7725-2868-2

Farbabb. 5: Christof Wermter; 9: Martin Woike; 10: S. Derder;
11: R. Bala; 14, 18: Manfred Kühn; 15: Erich Teister;
30: Clemens Stenner (© jeweils Blickwinkel);
alle anderen Fotos: Charlotte Fischer
Druck: GGP Media GmbH, Pößneck
Printed in Germany

MIX
Papier aus verantwortungsvollen Quellen
FSC® C014496

INHALT

ZUM THEMA UND ZUR METHODE

Intention und Inhalt dieser Schrift stehen im Zusammenhang aktueller Fragen, die unsere Zukunft betreffen. Ein wesentliches Fundament unserer Zivilisation, die Naturwissenschaft, hat in den vergangenen Jahren viel von seiner früheren Sicherheit eingebüßt. Vor allem jenes Verhältnis, das der Mensch durch sie zur Natur gewonnen hat, ist unter dem Eindruck seiner Folgen zum Problem geworden. Vielen ist bewusst geworden, dass die Menschheit Gefahr läuft, durch ihre Wissenschaft von der Natur die Natur selbst zu zerstören. Unter dem Eindruck dieser bedrängenden Situation ist nicht nur wie früher zu fragen: Wie weit ist die Naturwissenschaft in der Erforschung der Natur gekommen? Sondern viel grundsätzlicher: Kann sie mit ihren Methoden der Natur überhaupt gerecht werden?

Die neuzeitliche Naturwissenschaft untersucht die Natur durch das Experiment. Ihre Einstellung zur Natur ist manipulativ. So trägt sie den Keim zur Technik, dem großen Faszinosum unserer Zeit, schon von ihrem Ausgangspunkt an in sich. Technisches Denken, das durch die Naturwissenschaft so intensiv gefördert wurde, ist aber nicht ohne Rückwirkung auf die naturwissenschaftliche Theoriebildung geblieben. Die mechanistische Interpretation der Naturvorgänge lässt die Natur als eine komplizierte Maschinerie erscheinen. Die von vielen unbemerkte Okkupation des Naturerkennens durch den technischen Verstand führte zu der fatalen Auffassung: «Wir erkennen einen Gegenstand, soweit wir ihn machen können.»[1] So kommt es, dass wir heute nur das «Technikparadigma der modernen Naturwissenschaft» besitzen und «als Angehörige einer technischen Kultur bereits Schwierigkeiten haben, genau zu sagen, was und wo Natur ist».[2]

Diese Situation bedeutet ein schwer lösbares Dilemma. Soll der Weg in die Zukunft nicht zu einer immer weiter fortschreitenden Zerstörung führen, dann ist eine andere Einstellung erforderlich. Der Mensch muss für das Leben der Natur, das er durch seine Technik so tief beeinflusst, die Verantwortung übernehmen. Das ist in den vergangenen Jahren vielfach und eindrucksvoll formuliert worden. Wie aber kann man zu einer Sache oder einem Wesen eine moralische Beziehung gewinnen, das man kaum kennt und nicht versteht? Alles, was die Natur außer dem engen Ausschnitt mechanisch ablaufender Prozesse ist, bleibt dem gegenwärtigen naturwissenschaftlichen Denken hinter den Mauern der eigenen Theorie unzugänglich. Das gilt auch für die Ökologie, die zwar ganzheitliche Systeme untersucht, aber unter höchst eingeengten Gesichtspunkten. Bedingung für ein neues, moralisches Verhältnis zur Natur ist ein Verstehen, das tiefer dringt als die gegenwärtigen Interpretationen.

Nun hat Adolf Portmann vor Jahren darauf hingewiesen,[3] dass der Mensch neben der «theoretischen Funktion», die die Natur analysiert, das qualitativ Erlebte in Quantitatives ummünzt und die Bilder der naturwissenschaftlichen Weltdeutung unterwirft, durch die «ästhetische Funktion» noch einen anderen Zugang zur Natur hat. Durch sie erfährt er die Natur in ihren Formen, Farben usw. unmittelbar. Sie lässt den Menschen die Dimension des «Unfassbaren» erleben, jenseits der wissenschaftlichen Rationalität. Diese ästhetische Funktion mit ihrer für den Menschen so belebenden und befruchtenden Wirkung sei viel stärker als bisher zu kultivieren. In der Schule müsse man neben der Naturwissenschaft eine Naturkunde mit dem Ziel eines «savoir de cœur» pflegen.

Diese Auffassung spielt in den gegenwärtigen Erörterungen über eine ökologisch orientierte Erziehung eine große Rolle. Man kann – das ist sicher – keine von Verantwortung beseelte Beziehung zur Natur begründen, wenn das Wissen um die Natur weiterhin von öden, mechanistischen Bildern bestimmt wird. Es ist aber zu fragen: Führt eine Zweigleisigkeit von ästhetischer Naturerfahrung und mechanistischer Naturdeutung weiter? Kommt man aus dem Dilemma heraus, indem man zu dem bisherigen theoretischen Wissen ein ästhetisches Erleben hinzufügt? Auf diese Weise entsteht im Menschen ein Zwiespalt zwischen Herz und Verstand. Denn der Verstand begreift nicht, was als Natur erlebt wird, und das Herz kann sich nicht mit den wesenlosen und sinnleeren Bildern des Verstandes verbinden.

Es reicht nicht, diese zwei Bewusstseinsformen, zwischen denen kein Zusammenhang besteht, nebeneinander zu kultivieren. Hier ist der Punkt, wo etwas oft Postuliertes einzulösen ist, nämlich die Veränderung des Bewusstseins. Sie hätte die Aufgabe, den Zwiespalt zwischen den beiden Bewusstseinsformen durch Ausweitung des Erkennens auf die bisher unerschlossenen Dimensionen der Natur zu überwinden.

Was heißt das im Konkreten?

In der Begegnung mit der Natur erfährt der Mensch Dimensionen, die dem Verstand nicht greifbar sind. Im Erleben des Schönen und Erhabenen ahnt er, dass die Natur mehr ist als das, was die Naturwissenschaft beschreibt. Das Erleben des Unendlichen im Anblick des Ozeans, das Gefühl, in einem Sonnenaufgang sei etwas von den Geheimnissen der Schöpfung anwesend, die Erhabenheit eines

Berges oder die Schönheit einer blühenden Sommerwiese – das alles ergreift den Menschen, weil in ihm, wie er meint, tiefere Bereiche der Natur anklingen. Mit Erkenntnis und Wissenschaft haben diese Erlebnisse zunächst nichts zu tun. Sie sind dem Bewusstsein nicht recht greifbar.

Ähnlich ist es mit Erlebnissen, die sich mehr auf Einzelnes beziehen. Auch Pflanzen «sprechen» nicht nur zu den Sinnen und dem Verstand. Sie berühren das menschliche Gemüt. Ein Maiglöckchen «wirkt» innig, der blaue Eisenhut streng. Wir sprechen von der kraftvollen Eiche, der lieblichen Birke und dem bescheidenen Veilchen. Das alles sind Anmutungserlebnisse im Bereich der ästhetischen Naturerfahrung. Ihnen haftet sicher Subjektives an. Aber eines ist unabweisbar: die Dimension des Rätselhaften. Wo der Mensch Rätsel erlebt, weiß er, dass in den Dingen etwas enthalten ist, was in dem bisher Erkannten, möglicherweise aber auch in den verfügbaren Erkenntnismethoden nicht aufgeht.

Wenn es gelingt, das, was man in solchen Anmutungserlebnissen als Rätsel empfindet, mit dem erkennenden Bewusstsein zu durchdringen, dann wird die Kluft zwischen rationaler Klarheit und den unbestimmten Dimensionen des ästhetischen Erlebens überwunden; denn die Klarheit des Erkennens wird in das Gebiet des bisher nur Erlebten ausgeweitet. Wie aber kann man das, was man als Anmutung beim Betrachten von Pflanzen erlebt, bewusst erfassen? Man muss jenen Bereich, der beim ästhetischen Anschauen im eigenen Innern auflebt, genau kennenlernen. Das sind innere Seelenzustände, vor allem Gefühle. Man wird auch die Pflanzen in ihren Formen und Farben eingehend betrachten. Dann kann sich zeigen, inwieweit sich im Menschen bisher verschlossene Bereiche der Pflanzenwelt aussprechen.

Man betritt ein neues Gebiet des Forschens, indem man das Objektivitätspostulat der modernen Naturwissenschaft – die Forderung, die Natur objektiv zu untersuchen, d. h. unter Ausschluss des Menschen – aufgibt. Wir wollen nicht erörtern, inwieweit dieses Postulat schon immer eine Fiktion war, sondern darauf hinweisen, dass eine methodische Erweiterung des Naturerkennens nur möglich ist, wenn man die von diesem Postulat bestimmten Grenzen überschreitet. Man muss allerdings, um nicht ins Ungewisse und Unüberprüfbare zu kommen, mit großer Sorgfalt vorwärtsschreiten und sich von jedem Schritt Rechenschaft geben.

Zunächst ist der naheliegende Einwand zu beseitigen, man verfalle der Subjektivität, wenn man sich den eigenen inneren Seelenzuständen zuwende. «Subjektiv» hat eine doppelte Bedeutung. Es bezeichnet die inneren Erlebnisse, insofern sie dem einzelnen Menschen als Subjekt angehören. Dieses Subjektive ist genauso Erfahrung wie ein Baum oder ein Haus. Deshalb schreibt H. Schmitz pointiert: «Gefühle sind nicht subjektiver als Landstraßen, nur weniger fixierbar.»[4] Subjektiv wird aber auch in wertendem Sinn gebraucht. Dann bezeichnet es Täuschung und Irrtum, die dadurch entstehen, dass der Mensch ein Gefühlserlebnis unreflektiert beispielsweise einem Gegenstand zuschreibt.

Nun kommt dem Menschen die eigene Innenwelt nicht in gleicher Weise zu Bewusstsein wie die Dinge seiner Umgebung. Er richtet seine Aufmerksamkeit auf die Tatsachen und Vorgänge der äußeren Welt, auch auf seine Vorstellungen und Gedanken. An diesen entzünden sich Gefühle, Wünsche und andere Seelenregungen. Er lebt zwar in ihnen, betrachtet sie aber nicht. So befindet sich das Subjektive, das persönliche Eigenwesen in einem Dämmerzustand. Man «kennt» es intim, ohne aber ein klares Bewusstsein von ihm zu haben. Deshalb sind auch die Anmutungserlebnisse so unbestimmt und schwer formulierbar. Der erste Schritt ist also ein bewussteres Durchdringen der eigenen Innenwelt, ein Aufhellen des dämmerhaft Seelischen. Dabei wendet man seine Aufmerksamkeit den inneren Erlebnissen so zu wie sonst den äußeren Gegenständen. Sie werden dadurch zu einem Objektiven.

Das kann nur allmählich geschehen; denn das Gebiet der inneren Seelenvorgänge ist viel reicher und differenzierter, als man zunächst vermutet. Macht man sich die Mühe, die Seelenerlebnisse einigermaßen umfassend aufzuzählen – von den verschiedenen Tätigkeiten, die mit dem Vorstellen zusammenhängen (Vorstellen, Erinnern, Sich-Besinnen, Vermuten, Erwägen usw.) über das weite Reich der Gefühle bis hin zu den mannigfachen Äußerungen des Wollens, Begehrens und Wünschens –, dann ahnt man: Die innere Welt des Subjektiven steht an Reichtum und Fülle der äußeren Welt kaum nach.

Mit den vom Bewusstsein durchdrungenen Regungen der Seele kann man sich den Formen und Farben der Pflanzen zuwenden. Dann klärt sich, was man zunächst nur als Anmutung erlebt hat. Man entdeckt eine bisher verborgene Dimension in der Pflanzenwelt – eine zunächst außerordentlich überraschende Entsprechung zwischen den Regungen der menschlichen Seele und den Form- und Farbgebärden der Pflanzen.

Mit diesen Bemerkungen wollen wir den Untersuchungen der folgenden Kapitel keineswegs vorgreifen, sondern nur auf die Methode unserer Untersuchungen hinweisen. Es handelt sich um eine «physiognomische» Erkenntnismethode, weil sie das, was sich in den Erscheinungen der lebendigen Natur an seelenhaften Qualitäten äußert, mit der vollen Klarheit und Besonnenheit des Erkennens erfasst.

Wir meinen keineswegs, mit der physiognomischen Erkenntnismethode hätte man den Schlüssel, um nun endgültig die Rätsel der Natur zu lösen. Man muss sich von der Illusion befreien, es gäbe die *eine* Methode. Wir stimmen ganz mit folgender Äußerung von Hans Primas überein: «Alle Versuche, eine Einheit der Gesetze, der Methoden, der Darstellungsarten oder der Ziele zu erzwingen, haben ausnahmslos zu einer Verarmung der Wissenschaften geführt.»[5] Wer lange Jahre den Rätseln der lebendigen Natur nachforscht, erfährt, dass er sich mit einer Welt befasst, die verschiedene Dimensionen oder Schichten in sich birgt. Jede dieser Dimensionen kann man nur durch eine angemessene Methode erforschen. Und erst wenn man im Laufe der Zeit die Natur mit einer Reihe verschiedener Methoden betrachtet, lernt man sie in der Fülle und Tiefe ihres Wesens kennen. «Die Suche nach einer Einheitswissenschaft ist eine monotheistische Projektion, die heute aufgegeben werden muss.»[6] Wir sind allerdings der Auffassung, dass der physiognomischen Erkenntnismethode eine besondere Bedeutung zukommt, wenn es wie heute um eine Revision des bisherigen Verhältnisses des Menschen zur Natur geht.

SCHNEEGLÖCKCHEN UND KROKUS

Wir können aus dem weiten Reich der Blütenpflanzen nur wenige Pflanzen betrachten. Dabei wollen wir dem Leben der Natur, d. h. dem Jahreslauf mit dem Wandel seiner Formen, folgen und mit dem zeitigen Frühjahr beginnen.

In dieser Zeit, in der die Sonne die noch feuchte und kühle Natur mit ihrem Licht von Tag zu Tag stärker erfüllt, blühen Kräuter, die das Gemüt besonders innig berühren: das Schneeglöckchen, der Märzenbecher, der Krokus, der Gelbstern, die Scilla, der Huflattich. Bei aller Verschiedenheit ihrer Formen ist diesen Pflanzen eines gemeinsam. In ihnen erreicht das Pflanzenwesen einen nur geringen Grad der Entfaltung. Am deutlichsten ist das bei den Zwiebelpflanzen. Bei ihnen wird der knospenhafte Winterzustand, die Zwiebel, nie völlig überwunden. Aus ihm entfalten sich einfache, schmale Blätter. Es sprießt noch kein Stängel empor, der die Blätter sich frei im Luftraum entfalten ließe. Nur der Blütentrieb dringt mit einer oder wenigen Blüten hervor. Die Pflanzenbildung ist ganz verhalten. Das Leben der Natur «erwacht», es vereinigt sich anfänglich mit den Kräften der Umgebung, mit der Luft und dem Licht. – Im ästhetischen Anschauen leben Ahnungen von der Intimität dieses gleichsam kindhaft reinen Lebens auf.

Diese Beobachtungen können zum Anlass werden, im eigenen Innern solche Vorgänge und Regungen zu betrachten, in denen sich das Leben der Seele in ähnlicher Weise anfänglich der Welt zuwendet, z. B. das Erwachen und das

Sehnen. – Wenn man so von der Natur zu inneren Vorgängen der Seele übergeht, lässt man sich von einer Analogie leiten. Nimmt man diese aber nur als Hinweis auf eine mögliche Beziehung und prüft, ob sie auch wirklich besteht, dann kommt man nicht in jenes fragwürdige Gebiet, in dem vages Vermuten für Erkenntnis ausgegeben wird. Will man in das noch weitgehend unerschlossene Gebiet des Zusammenhangs von Mensch und Pflanzenwelt bewusst eindringen, dann sollte man beherzigen, was Rudolf Steiner von einem solchen Bestreben gesagt hat: «Nicht flüchtig, sondern ernst und auf Schritt und Tritt müssen wir solche Dinge zu verfolgen suchen.»[7]

Sehnen und Sehnsucht sind Regungen, die aus den innersten Bezirken der Seele aufsteigen. Sie sind intimer als Wünsche oder gar Begierden. Philipp Lersch, einer der bedeutenden Psychologen des 20. Jahrhunderts, schreibt: «Sehnsucht ist ... nichts anderes als eine besondere Erscheinungsform der Liebe zu etwas. Sie entsteht immer dann, wenn der Gegenstand der Liebe in der Gegenwart entrückt ist.» Sehnsucht geht zu dem, was dem eigenen Innern besonders nahesteht, aber unerreichbar ist. Deshalb ist «Sehnsucht ... hinweggerichtet über das Hier und Jetzt und lässt es in den Schatten der Bedeutungslosigkeit versinken.»[8] Sie ist inneres Verlangen nach dem Fernen. Zu ihm fühlt sich die Seele hingezogen.

So sind zwei Erlebnisse mit dem Sehnen verbunden. Zum einen das der inneren Einsamkeit; denn das, womit man verbunden sein möchte, ist nicht da. Und aus dem Erlebnis des Mangels entspringt zum anderen das Gefühl eines feinen inneren Schmerzes. Dieser durchsetzt das sehnende Sich-hingezogen-Fühlen. Im Schmerz zieht sich die Seele immer zusammen. So wird das innere Sich-hingezogen-Fühlen eng. Beide Erlebnisse klingen in der Sehn-

Seelengebärde der Sehnsucht.

sucht zusammen. In der Einsamkeit ist die Seele auf ihr eigenes Inneres konzentriert; aus diesem erhebt sich ein von Schmerz verengtes Verlangen, das sich zur Ferne hingezogen fühlt.

Wendet man die Aufmerksamkeit genauso wach dem eigenen Innern zu wie sonst den Dingen der Außenwelt, dann bemerkt man: Sehnsucht ist innere Bewegung, und zwar Bewegung in der Art einer inneren Gebärde. Man kann sie in einer Form wiedergeben. In dieser kommt zunächst das sich von der Umgebung absondernde einsame Eigensein zum Ausdruck, in dem die Seele in sich zentriert ist; hier entspringt das enge Verlangen, das sich mit dem Fernen sehnlichst vereinigen möchte. Eine solche Form ist nicht als starre Figur, sondern dynamisch aufzufassen. Sie ist ein Bild innerer Bewegung, an dem im Anschauen die Identität mit der Gebärde der Sehnsucht erlebt werden kann.

Dem Sehnen ist das beginnende Erwachen ähnlich. Auch bei ihm möchte sich das Innere mit dem Äußeren verbinden, erreicht es aber noch nicht. Beginnendes Erwachen ist jener Zwischenzustand, den Michelangelo in der Gestalt des Morgens in der Medici-Kapelle dargestellt hat. Die Seele zieht gerade in den Leib ein. Es kommt zu ersten Bewegungen. Der Kopf wird noch kaum gehoben, die Augen öffnen sich, der Blick dringt aber noch nicht in die Welt hinaus. Die Seele ist aus dem Ozean des bewusstlosen Schlafes aufgetaucht, sie hat das Zwischenreich des Traumes schon weitgehend durchschritten. Die Bilderwelt des Traumes verglimmt noch nicht ganz, während das Tagesbewusstsein am Seelenhorizont kaum dämmert. Noch während des Träumens beginnt ein anderes Erleben: ein inneres Sich-Weiten und Sich-Öffnen zur Welt des Tages, bevor das Bewusstsein diese betritt.

So lernt man auch das Erwachen als Bewegung der Seele kennen. Auch sie kann man in ihren inneren Gesten schildern: Aus der abgesonderten Sphäre des Inneren beginnt sich das innere Leben nach außen zu entfalten, verbindet sich aber noch nicht mit der äußeren Welt; es weitet sich, während in der Tiefe des Innenraumes die Sphäre des Traumes noch nicht abgeklungen ist.

Wendet man sich mit dem, was man so in der eigenen Seele kennenlernt, den Pflanzen des Vorfrühlings zu, dann kommt man zu einer überraschenden Erfahrung. Es ist, wie wenn man dem, was man in sich erfasst hat, nun auch äußerlich begegnete. Die Formen und Gebärden des Schneeglöckchens, jenes ersten Frühlingsboten, der schon im Februar aus dem Dunkel der Erde hervordringt, beginnen zu sprechen. Man findet in ihnen wieder, was in der eigenen Seele der Beginn des Erwachens ist. Aus der abgeschlossenen Eigensphäre der Zwiebel wächst ein eigenartiger Trieb hervor. Er ist vom bleichen, schwach ergrünenden Scheidenblatt umhüllt, in dem sich die absondernde Gebärde der

Zwiebel fortsetzt. Aus dieser Hülle kommen zwei schmale Blätter hervor, die unten in der Zwiebel entspringen und sich oben nur wenig in die Umgebung entfalten, so, wie wenn sie das Licht und die Atmosphäre nur berühren würden. Zwischen ihnen steigt ein Blütentrieb aus der Tiefe empor. An seiner Spitze umhüllen zwei Hochblätter wie eine Knospe die Blüte. Und wie unten Blätter und Blütentrieb in der Zwiebel entspringen, so kommt auch oben die Blüte aus einem Innern hervor. Sie wendet sich nach unten als Ausdruck eines nach innen gerichteten Daseins. Dieses weitet sich durch die drei äußeren Blütenblätter. In ihm erscheint dann eine enge geheimnisvolle Sphäre aus den drei kleineren Blütenblättern. Sie sind in ihrer Form verhalten und haben ein eigenes Leben, das sich in der grünlichen Färbung ausspricht. – Oft ist die Erde noch gegenüber der Umgebung durch eine dünne Schneedecke abgesondert, wenn die Schneeglöckchen im Garten, in Parkanlagen und in den noch kahlen Laubwäldern blühen (s. Farbabb. 1).

Schaut man nicht nur mit dem Gegenstandsbewusstsein in die Natur, sondern auch mit dem aufgehellten Seelenleben, dann erfasst man in der Gestalt und Entfaltungsgebärde des Schneeglöckchens den Ausdruck des beginnenden Erwachens. Was für den Menschen inneres Seelenerleben ist, manifestiert sich auch in der Natur, im Gewande des stofflichen Lebens. Wenn ein geistig oder seelisch Wesenhaftes in einem vergänglichen Medium erscheint, dann bezeichnet man diese Offenbarung als Bild. Insofern ist das Schneeglöckchen Bild jenes Zwischenzustandes zwischen Traum und Wachen.

Man findet im zeitigen Frühling eine andere Pflanze, die in ihren Formen und ihrer Zartheit der Seelengebärde des Sehnens entspricht. Es ist der Krokus, der im März und April, selten schon im Februar, in den Gärten und auf den

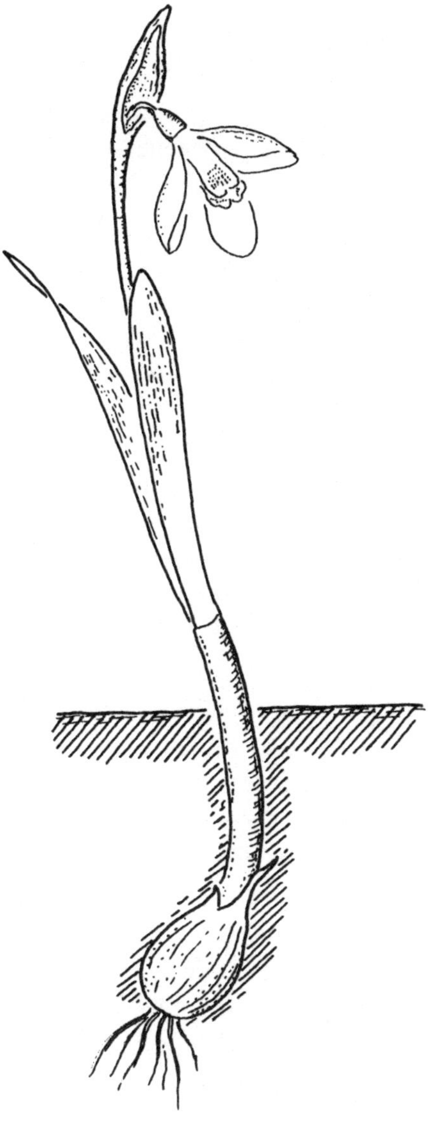

Schneeglöckchen (Galanthus nivalis).

Wiesen der Voralpen und Alpen blüht. Eine bleiche Hülle aus Scheidenblättern kommt aus dem dunklen Erdreich hervor. Sie umschließt eine lange, enge Blütenröhre, die sich mit sechs Blütenblättern weitet und nach oben wendet. Wie sich die Seele aus der Tiefe des Herzens in innerem Verlangen nach dem Fernen sehnt, so steigen die Krokusblüten aus dem Dunkel der kühlen, feuchten Erde zum Licht empor. Ist der Himmel wolkenlos und die Luft milde, dann öffnen sich die Blüten etwas stärker – wie wenn sie sich mit der noch schwach wirkenden, gleichsam fernen Sonne vereinigen wollten. Auch die Blätter zeigen das enge Emporstreben, welches für das Sehnen charakteristisch ist. Gräbt man eine Krokuspflanze aus, dann findet man im Boden eine Verdickung. Es ist keine Zwiebel wie beim Schneeglöckchen, sondern eine Knolle. Genau betrachtet sind es zwei Knollen übereinander, unten eine alte und über ihr eine junge, die sich in jedem Jahr neu bildet. In dieser Knolle ist der Stängel angeschwollen. Seine Kräfte haben sich in sich konzentriert. So bleibt der Blütenstiel kurz und der Fruchtknoten beim Blühen unter der Erdoberfläche. Dies alles ist eine Geste, die dem einsamen In-sich-Sein entspricht.

Der Botaniker beschreibt den Krokus als eine Pflanzengattung aus der Familie der Schwertliliengewächse *(Iridaceen)* und das Schneeglöckchen als Narzissengewächs *(Amaryllidaceen)*. In der Gattung Krokus unterscheidet er eine große Anzahl von Arten. Der Frühlingskrokus *(Crocus albiflorus)* wächst auf den Bergwiesen, bisweilen in solchen Mengen, dass man von Weitem meint, es läge noch Schnee. Am bekanntesten ist der Echte Safran *(Crocus sativus*; s. Farbabb. 2). In den Gärten blüht häufig auch der goldgelbe *Crocus aureus*, der aus dem südlichen Ungarn und dem Balkan stammt. Die meisten Krokusarten haben ihre Heimat

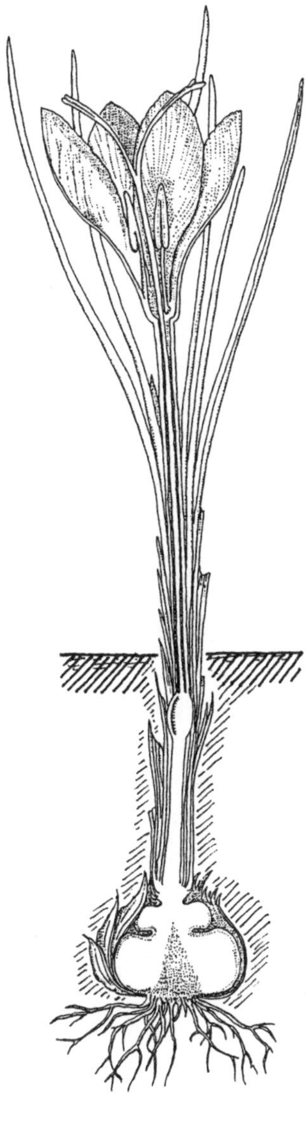

Echter Safran (Crocus sativus) im Längsschnitt (aus Strasburger, Lehrbuch der Botanik).

im Mittelmeergebiet. – Die eigenartige Form des Krokus ist dem Botaniker ein Rätsel.

Diese Form lernt man wie beim Schneeglöckchen durch die hier skizzierte Betrachtungsweise verstehen. Hat man das Seelenleben so weit aufgehellt, dass die inneren Bewegungen und Gebärden bewusst werden, dann erfasst man mit voller Klarheit: Wie im Schneeglöckchen die Seelenform des beginnenden Erwachens, so erscheint im Krokus – als Bild – die Seelenform des Sehnens im Leben der Natur. So wird auch verständlich, weshalb Schneeglöckchen und Krokus das Gemüt so stark berühren. Sie sprechen zur menschlichen Seele, weil sie selbst Ausdruck eines Seelischen sind.

Zu diesem Seelischen gehören nicht nur Form und Gebärde der Pflanze, sondern auch ihre Farbe, vor allem die der Blüten. Das Bild des beginnenden Erwachens erglänzt weiß, das des Sehnens in verschiedenen Farben, besonders in Weiß, Violett und Gelb. Das Weiß ist mit seinem reinen, lichten Charakter, der durch nichts getrübt wird, ein Ausdruck von keuscher, leidenschaftsloser Helligkeit. Im Violett ist die Seelentiefe des Blau durchwärmt vom Rot zu religiöser Gestimmtheit. Im Gelb erscheint eine heitere, freudige Stimmung, die im Sehnen auflebt, wenn man dem Ersehnten entgegengeht. So manifestiert sich im Krokus ein rein geistiges, ein religiöses und ein freudiges Sehnen. Das Weiß des Schneeglöckchens hat eine Beziehung zu dem Beginn des Erwachens, in dem die Seele sich mit leidenschaftslosen Kräften aus dem Schlaf löst und dem hellen Bewusstsein des Tages entgegengeht.

In den Anmutungserlebnissen, von denen diese Betrachtung ausgegangen ist, klingt etwas an, was nicht nur eine subjektive, für das Erkennen bedeutungslose Reaktion auf die Eindrücke der Natur ist. Um das, was in der Anmu-

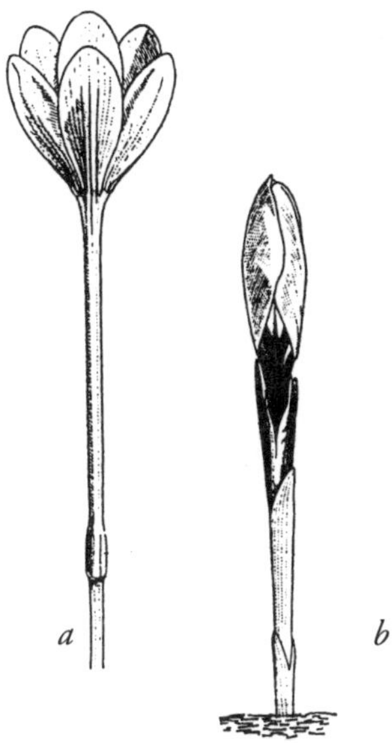

Frühlingskrokus (Crocus albiflorus)
a. Blüte, unten der kurze Blütentrieb und Fruchtknoten
b. Die Blüte erhebt sich aus der von den Scheidenblättern gebildeten Hülle
(aus W. Troll, Praktische Einführung in die Pflanzenmorphologie).

tung lebt, zur Klarheit zu bringen, bedarf es eines neuen Anschauens, in dem die eigene Seele zum Organ des Anschauens wird. Wendet man sich mit bewusst durchdrungenen Seelenprozessen wie denen des Sehnens und des beginnenden Erwachens der Natur zu, dann wird die Natur zur «Mitwelt» (Meyer-Abich). Man findet in ihren Erscheinungen etwas, was dem eigenen Wesen tief verwandt ist. Diese Verwandtschaft liegt aber nicht dort, wo sie heute gesucht wird, im Bereich der Physis, sondern im Seelischen, wo man sie im Allgemeinen nicht einmal vermutet.

Lernt man in der Pflanzenwelt Bilder des Seelischen

kennen, so entstehen neue Fragen. Die Natur selbst wird in neuer Weise zum Rätsel. Denn in ihr werden Dimensionen sichtbar, die in das bisherige Bild nicht hineinpassen. Offensichtlich geht die Natur nicht in dem auf, was man ihr an Wesenszügen zugesteht. Wir wollen auf diese Fragen erst eingehen, wenn wir durch weitere Betrachtungen eine reichere Anschauung haben.

Über die Form des Erkennens ist aber schon jetzt eine Aussage möglich. In ihr bewahrheitet sich der alte Satz, dass Gleiches mit Gleichem erkannt wird, in unserem Fall Seelisches mit Seelischem. Seelenvorgänge wie das Sehnen gehören nicht der Sinneswelt, dem materiellen Dasein an. Auch wenn sie sich im Physischen manifestieren, sind sie ihrem Wesen nach übersinnlich. Rudolf Steiner beschreibt in seinen Darstellungen über den Weg der geistigen Schulung die erste Stufe des übersinnlichen Erkennens als Imagination. Ein Kennzeichen der Imagination ist es, «in solche bildlichen Vorstellungen einzudringen, die im Sinne des Goetheschen Wortes ‹Alles Vergängliche ist nur ein Gleichnis› die höheren Welten darstellen».[9] Die ersten Schritte auf dem Weg zur Ausbildung der Imagination geht man, wenn man die vergänglichen Formen und Farben der Pflanzen als Bild oder Gleichnis des Übersinnlichen, eben des Seelischen, erkennen lernt. Der innere Zusammenhang von Mensch und Natur, der heute gesucht wird, verlangt imaginative Naturerkenntnis. Durch diese offenbart sich das, was das Gegenstandsbewusstsein als eine bestimmte physische Pflanze auffasst, als Bild einer tieferen, übersinnlichen Wirklichkeit. Die gleiche übersinnliche Wirklichkeit trägt der Mensch auch in seiner eigenen Seele. Sie kann daher Erkenntnisorgan für jene Welt werden, die in den Bildern der Natur imaginativ zum Ausdruck kommt.

DIE TULPE

Wohl kaum eine Pflanze des Frühlings ist uns so vertraut wie die Tulpe. Ihre großen leuchtenden Blüten sind im April und Mai die Zierde unserer Gärten und Parkanlagen. Bald nach dem Frühlingsanfang brechen ihre Blätter aus dem Boden hervor. Der Spross wächst ziemlich rasch in die Höhe. Zwischen den Blättern erscheint die grüne Blütenknospe, die vom Stängel weiter emporgetragen wird. Hier vollzieht sich dann an wärmeren Tagen die eindrucksvolle Verwandlung in die leuchtend rote, gelbe oder weiße Blüte. Blätter und Blütenknospe hatten sich schon im Vorjahr in der Zwiebel, jener mächtig angeschwollenen Knospe, gebildet. Indem sie nun aus dem Inneren der Zwiebel hervortreten und sich in der täglich zunehmenden Sonnenwirkung entfalten, erscheint der Frühling durch das lebensvolle Grün der Blätter und das frische Leuchten der Blüten wie auf einem Höhepunkt.

Allerdings, die Tulpe passt nicht recht zu den anderen Zwiebelpflanzen des Frühlings, zu dem Gelb-, dem Blau- oder dem Milchstern zum Beispiel. Ihre Blätter und ihre Blüte sind auffallend groß. Das erinnert daran, dass die Tulpe bei uns eigentlich ein Fremdling ist. Sie kam erst im 16. Jahrhundert aus Bulgarien nach Mitteleuropa. Die Heimat der Gattung *Tulipa* und ihrer verschiedenen Arten sind das südliche Europa und die gemäßigten Gebiete Asiens. So stammt unsere Garten-Tulpe *(Tulipa Gesneriana)* aus einem südlicheren Frühling. Auch die kleinere Wilde Tulpe

(Tulipa silvestris), die man bisweilen in Obstgärten, Parkanlagen und Weingärten findet, wurde im 16. Jahrhundert aus dem Mittelmeergebiet in unsere Gegenden gebracht.

Was jedem Betrachter der Tulpe auffällt, ist ihre einfache Gestalt. Am Spross entfalten sich nur wenige Blätter. Ihre Blattfläche entspringt ohne Stiel unmittelbar aus dem Stängel. Die enge Verbindung mit dem Stängel kommt auch in der Richtung zum Ausdruck; die Blätter wenden sich nicht zum Umkreis, sondern streben nach oben. Und den Blattflächen fehlt die Geste des inneren Sich-Ausweitens; durch den bogenförmigen Verlauf ihrer Blattadern haben sie wie die Blätter aller Zwiebelgewächse eine in sich abgeschlossene Struktur. Besonders das erste Blatt umschließt an seinem Grund den Stängel. Am stärksten ist diese umhüllende Geste aber bei den Schuppenblättern im Inneren der Zwiebel. Sie klingt dann am Spross in der Folge der wenigen Laubblätter etwas ab. So gleicht der Spross insgesamt einer Bildung, die am Anfang der Entfaltung steht. Das gilt auch für das Blühen. Normalerweise weitet sich die Pflanze in der Blütenregion zu einem Blütenstand. Bei den meisten Zwiebelpflanzen entstehen einfache traubenförmige Blütenstände. Bei der Tulpe wird aber nur die Endblüte gebildet. Ihre Blütenhülle ist wie bei allen Liliengewächsen einfach. Und die Blütenblätter sind in ihrer Form den grünen Blättern des Sprosses oft noch recht ähnlich.

Die Form der Blüte ist allerdings eindrucksvoll. Die sechs Blütenblätter umschließen einen weiten, tiefen Innenraum, der sich ganz nach oben richtet (s. Farbabb. 3). An kühleren Tagen schließt er sich, an wärmeren wird er etwas offener. Dabei wachsen die Blütenblätter in die Länge. So wird das Sich-Hinwenden der Blüte nach oben, zur Ferne intensiver. Im Inneren dieses tiefen Blütenkelches sind die Staubgefäße und der Stempel verborgen. Die Filamente der Staubgefäße

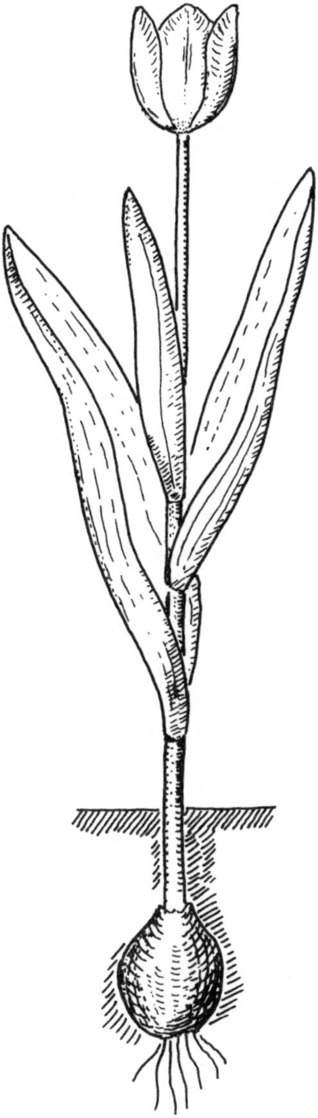

Garten-Tulpe (Tulipa Gesneriana).

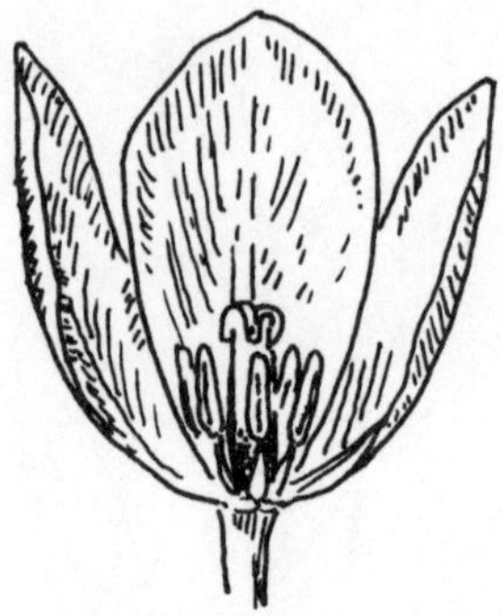

Innenraum einer Tulpenblüte.

sind kurz und derb, der Fruchtknoten geht ohne Griffel unmittelbar in die Narbe über.

Die Tulpe ist in ihrer ganzen Bildung Ausdruck eines Übergangs. Zum Winter hin hatte sich das Leben in der Knospe konzentriert, d. h. aus dem Zusammenhang des Weltumkreises abgesondert. Dieser Winterzustand bleibt auch dann noch erhalten, wenn Spross und Blüte im Frühling aus ihm hervortreten. Und etwas von dem knospenhaft-verhaltenen Charakter durchzieht die ganze Pflanze bis in die Blüte. So entsteht jene Gebärde, die uns in der Tulpe entgegentritt: das Hinaufstreben zum Licht, zur Ferne.

Dies alles zeigt eine Verwandtschaft zum Krokus. Denn auch der Krokus steht wie am Beginn der Entfaltung. Auch er wendet sich ganz zur Ferne. Nur ist bei ihm alles noch stärker zurückgehalten. Sein Spross ist weitgehend in der Knolle gestaut. Blätter und Blüte kommen schmal aus dem Boden hervor. Und in der Blüte bilden sich nur drei Staubgefäße. Demgegenüber drängt die Pflanzenbildung in der Tulpe mehr nach außen, der Sonne entgegen.

Was die Tulpe charakterisiert, ist ihre so verhaltene Beziehung zur Umgebung, ihr intensives Sich-Hinwenden zur

Höhe, das sich in der Blüte gleichsam verinnerlicht – in einer Gebärde, die in der Ferne etwas wie Erfüllung sucht.

Wenn man sich in diese Gesten der Tulpe und die Lebendigkeit der Farben vertieft, empfindet man ein Inneres, Seelenhaftes. Man ist aber nicht in der Lage, es auszusprechen.

Möchte man das, was dem Bewusstsein zunächst verhüllt ist, kennenlernen, dann kann die Nähe der Tulpe zum Krokus einen Weg weisen. Der Krokus ist uns zum Bild der Sehnsucht geworden. Die Sehnsucht lebt in jenem Bereich des Seelischen, in dem sich Fühlen und Wollen durchdringen, sodass im Fühlen ein inneres Wollen oder Drängen wirkt. Zu diesem Bereich gehört auch eine andere Seelenregung, die der Sehnsucht nahe verwandt ist und sich zugleich charakteristisch von ihr unterscheidet. Es ist die Hoffnung. Auch in der Hoffnung wendet sich die Seele einem Zukünftigen zu. Hoffnung entspringt aber nicht dem Erleben des Mangels. Sie weiß um das Unbefriedigende und Unzureichende der Gegenwart; ihre innere Grundstimmung ist aber Zuversicht. So befindet sich die Seele nicht im Zustand schmerzhafter Verengung, wie er uns im Krokus entgegengetreten ist. Zuversicht ist Antrieb, der Zukunft entgegenzugehen. In der Hoffnung lebt ein innerer Lebenswille, der in Erwartung einer besseren Zukunft selbst die Schwere des gegenwärtigen Lebens und Schicksals durchsteht. Wenn aber mit der Zuversicht die Hoffnung erlischt, bricht auch der Lebenswille zusammen. In der Hoffnung lebt durch die positive Hinwendung zur Zukunft eine innere Lebenskraft. Die Sprache drückt den Unterschied zwischen Sehnsucht und Hoffnung durch eine feine Nuancierung aus. Man sehnt sich *nach* einer Begegnung. Die Seele geht ganz im subjektiven Gefühl eines Verlangens auf, das vielleicht nie seine Erfüllung finden wird. Man hofft *auf* eine Begegnung. Man bedenkt die Umstände. Es keimt der Schimmer einer Hoffnung, er wird zur Zuversicht. Man wendet sich dem zu, was im Gang der Ereignisse eintreten kann. Es ist der Gedanke, durch den sich die Zukunft lichtet. In der Hoffnung wirken innere Wünsche und inneres Streben, für die es in der Gegenwart keine Erfüllung gibt. So lebt die Seele aus der Kraft der Zuversicht der Zukunft entgegen, um hier zu erlangen, was ihr in der Gegenwart an Erfüllung versagt ist.

Man gewinnt ein deutliches Bewusstsein von der Hoffnung und ihrer Beziehung zur Sehnsucht. Dabei erfasst man, wie diese beiden Gefühle nicht nur eng miteinander verwandt sind, sondern wie sich in der Hoffnung Regungen, die in der Sehnsucht leben, in verwandelter Form äußern. Man kann sich das verdeutlichen, indem man vom Bild der Sehnsucht, dem Krokus, ausgeht. Dadurch, dass sich die Zukunft im Gedanken etwas aufhellt und Zuversicht aufkeimt, löst sich die zusammenziehende Wirkung des Schmerzes, die sich im Bild der Knolle, der engen Blütenröhre und den schmalen Blättern ausdrückt. Indem die Seele mit innerer Lebenskraft sich nun der Zukunft zuwendet, strebt sie dem Licht entgegen. Im Bild manifestiert sich dies in der Streckung der Knolle zum Stängel und in dem Breiterwerden der Blätter. Besonders eindrucksvoll kommt es in dem langen Blütenstiel, dem intensiven Emporstreben der Blüte zum Ausdruck. Die Ungewissheit des sehnenden Verlangens löst sich in der Hoffnung, d. h. in jener Gebärde, die uns in der Tulpenblüte entgegentritt: in dem Sich-Weiten des Innenraumes aus der Zuversicht künftiger Erfüllung, in dem Sich-Hinwenden nach oben zu einem noch Fernen und in den leuchtenden Farben als Ausdruck innerer Gewissheit.

So verwandelt sich das Bild der Sehnsucht in das der Hoffnung. Dabei spricht sich aus, was man zunächst nur

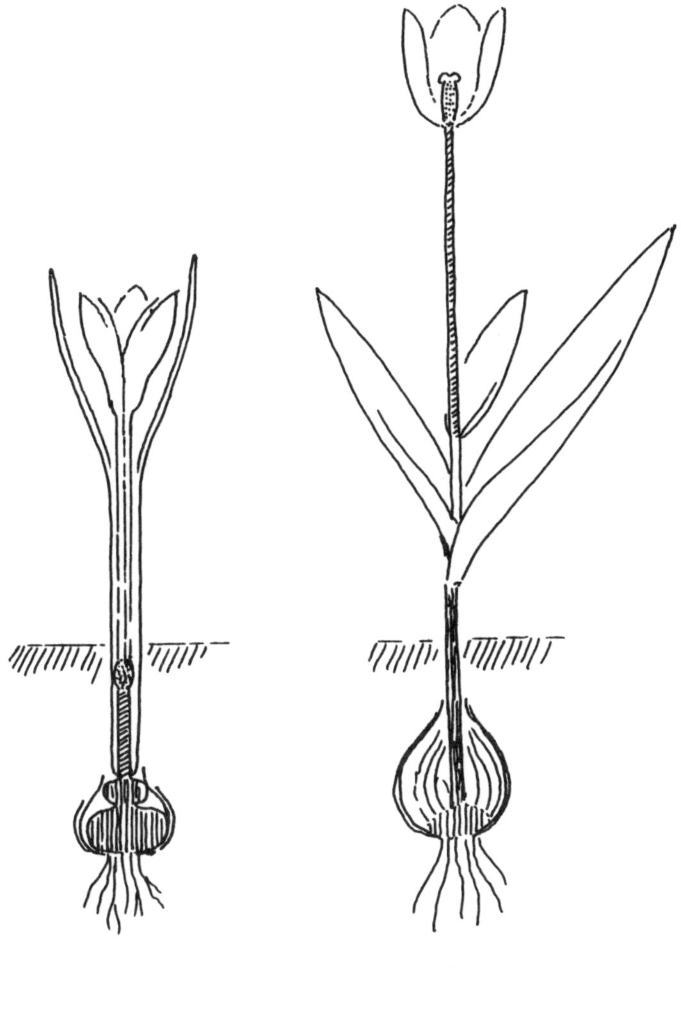

Die unterschiedliche Entfaltung der verschiedenen Pflanzenteile bei Krokus und Tulpe.

unbestimmt in den Gesten der Tulpe empfunden hat. Man erfasst mit voller Klarheit: Die Tulpen, die im Mai, dem Höhepunkt des Frühlings, der Sonne entgegenstreben, sind Bild der Hoffnung. Man deutet die Tulpe nicht allegorisch, man schaut sie in neuer Weise an. Denn man wendet sich ihr im Anschauen mit erwachten Seelenkräften zu, die man im gewöhnlichen Wahrnehmen nicht betätigt. Und es bestätigt sich, was für alle Erweiterung des Bewusstseins gilt: «Wie viel sich von dem, was wirklich ist, einem Wesen offenbart, hängt von dessen Empfänglichkeit ab.»[10]

Pflanzen der folgenden Farbtafeln

1: Schneeglöckchen
2: Krokus
3: Tulpe
4: Buschwindröschen
5 und 6: Osterglocke
7 und 8: März-Veilchen
9–11: Aronstab
12 und 13: Schwertlilie
14: Gladiole
15: Freesie
16: Nelke
17: Wicke
18: Platterbse

1

2

3

4

5

6

7

8

10

11

12

13

14

15

16

17

18

BUSCHWINDRÖSCHEN UND OSTERGLOCKE

Bei der Begegnung mit einem Menschen erlebt man unmittelbar, dass seine ganze Erscheinung Ausdruck des inneren Wesens ist. Seele und Ich äußern sich in Miene, Geste, Bewegung und Haltung; im Blick und beim Sprechen dringen sie über die Grenze des Leibes in die Umgebung. Der Mensch ist in seiner ganzen Erscheinung lebendige Physiognomie. Auch in der Natur begegnet man einer – allerdings viel verhalteneren – Physiognomie. Sie ist still, intim und schwer verstehbar. Wer die Erscheinungen der Natur nur flüchtig streift, bemerkt sie unter Umständen überhaupt nicht. Sie weist auf tiefere Dimensionen, die dem forschenden Geist des Menschen bisher weitgehend verschlossen geblieben sind. Denn es bedarf einer besonderen Methode, um das, was sich z.B. in den Formen und Farben einzelner Pflanzen physiognomisch äußert, bewusst zu durchdringen. Davon war in den vorangehenden Betrachtungen die Rede.

Mit dem gewöhnlichen Bewusstsein erfasst man im Anschauen der Dinge durch Vorstellungen ihre Gestalt; man lernt die Außenseite der Natur kennen. Viele halten diese Außenseite schon für die ganze Natur. Sie ist aber nur das, was aus dem Leben der Natur bereits in Formen geronnen ist. In das lebendige Werden der Natur dringt man ein, wenn man wie Goethe die Formen der Pflanzen innerlich nachbildet, d. h. von einem registrierenden Betrachten zu einem gestaltenden Anschauen übergeht. Im «lebendigen

Anschauen der Natur» (Goethe) findet man ihre inneren Bildegesetze. Das führt aber noch nicht zur physiognomischen bzw. imaginativen Naturerkenntnis. So bedeutend auch sein mag, was sich der goetheanistischen Methode an Einsicht in die Lebensgesetze der schaffenden Natur erschließt, die Dimension des Physiognomischen erreicht sie nicht. Dies verlangt eine neue Form des Erkennens. Was man als seelenhaften Ausdruck in den Formen und Farben einer Pflanze unbestimmt empfindet, kann man bewusst nur erfassen, wenn man, wie wir das in den vorangehenden Betrachtungen gesehen haben, das eigene Seelenleben aufhellt. Physiognomische Naturerkenntnis ist immer an Selbsterkenntnis gebunden. Wenn man die Regungen der eigenen Seele durch denkende Selbstbeobachtung bewusst durchlebt, entstehen innere Anschauungen. Diese sind das Organ für physiognomisches Naturerkennen. Nur dem, der z.B. die Sehnsucht und die Hoffnung in ihren inneren Seelengebärden kennengelernt hat, können sich Krokus und Tulpe als Bilder der Sehnsucht und der Hoffnung offenbaren.

Es gibt nun zwei Wege, auf denen sich eine physiognomisch-imaginative Erkenntnis der Pflanzenwelt entfalten kann. Der eine geht von der Selbsterkenntnis aus. Man durchdringt zunächst die verschiedenen Bereiche der eigenen Seele und wendet sich dann mit den erarbeiteten inneren Anschauungen der Pflanzenwelt zu. Bei diesem Vorgehen ergibt sich die Systematik aus der Gesetzmäßigkeit der menschlichen Seele und ihrer Gliederung in die verschiedenen Regionen, die sich vom Vorstellen und Denken über die Bereiche des Fühlens und der Affekte bis zu willenshaften Regungen erstrecken. Der andere Weg folgt dem Gang der Natur, d. h. der zeitlichen Entfaltung der Pflanzenwelt im Laufe eines Jahres vom Vorfrühling bis zum

Spätherbst. Man beginnt mit der Betrachtung einzelner Pflanzen und versucht dann, ihren physiognomischen Ausdruck aufzuhellen. Der erste Weg ist strenger, in mancher Hinsicht auch überschaubarer, der zweite schließt an das Naturerleben an und liegt den meisten Menschen näher. Wir haben ihn deshalb schon bei unserer ersten Betrachtung eingeschlagen und wollen nun auf ihm fortschreiten und uns zwei Pflanzen, die im März und April blühen, zuwenden. Die eine, das Weiße Buschwindröschen *(Anemone nemorosa)* wächst in unseren Laubwäldern; die andere, die Osterglocke *(Narcissus pseudonarcissus)* in den Gärten; in der Natur findet man sie auf Wiesen in den Vogesen, im Hunsrück und in den westlichen Alpen. Sie ist eine Pflanze des westeuropäischen Raumes.

Im Sommer bildet der Wald gegenüber der offenen Landschaft einen eigenen Raum. Das Licht dringt durch das reiche Blätterwerk nur gedämpft in das Innere. Dort herrscht eine geheimnisvolle Dämmerung. Die Luft ist immer etwas feucht, die Temperatur ausgeglichener als auf den Wiesen und Feldern. Am Boden wachsen nur wenige Kräuter und Gräser. Die Lebensprozesse spielen sich vor allem in der geschlossenen Kronenregion der Bäume ab.

Im Frühling hat der Wald einen ganz anderen Charakter. Die Knospen der Bäume sind noch geschlossen. Das Licht der Frühlingssonne dringt bis zum Boden, vielfach gebrochen durch das Gitterwerk der Äste und Zweige. Der Raum ist nach oben offen. Am Boden entfaltet sich eine reiche Vegetation mit Gelbstern, Scilla, Lungenkraut, goldgelbem Hahnenfuß, Einbeere, Aronstab und manch anderer Pflanzenart. Dort, wo das Licht der Sonne stärker zum Boden hinunterdringt, findet man die grünen Teppiche des Buschwindröschens mit seinen weißen, bisweilen rötlichen Blütensternen.

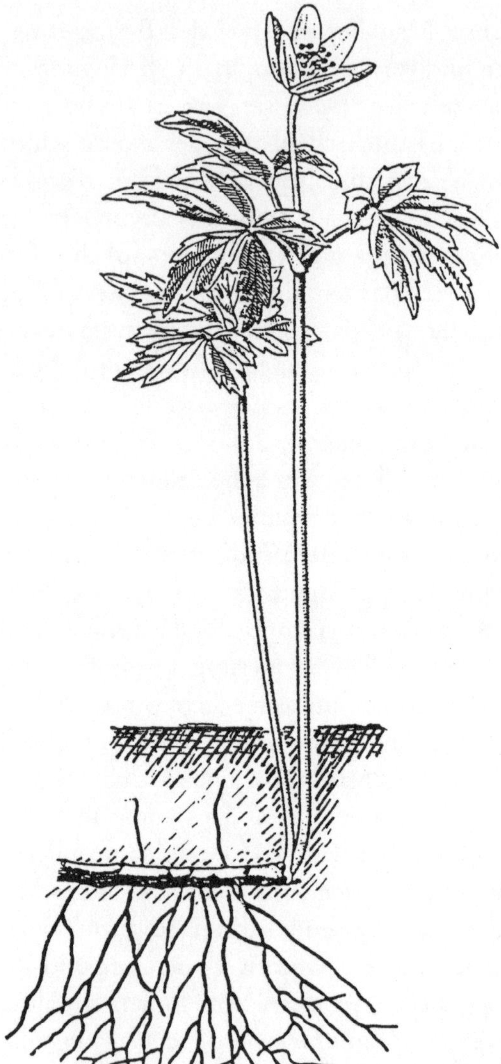

Weißes Buschwindröschen
(Anemone nemorosa; nach Troll, Praktische Einführung in die Pflanzenmorphologie).

Der Scheinquirl des Weißen Buschwindröschens mit der Folge seiner Blätter (aus Troll, a.a.O.).

Die Gestalt des Weißen Buschwindröschens ist recht ungewöhnlich. An seinem Stängel entspringen drei Blätter dicht gedrängt nahezu auf gleicher Höhe und bilden einen Scheinquirl. Sonst entsteht an der Pflanze jedes Blatt für sich am Stängel, eines immer nach dem anderen. Beim Buschwindröschen ist dieses aufwärtsstrebende Sprießen gehemmt. Man kann an dem Quirl deutlich ein erstes, zweites und drittes Blatt unterscheiden, vor allem auch durch eine schwache Metamorphose in der Folge der schön geteilten Blätter. In ihrer Mitte entspringt der zarte Stiel, der die Blüte über den blattartigen «Kelch» hinaus der Sonne entgegenträgt. An hellen, warmen Frühlingstagen wendet sich die Blüte weit geöffnet der Sonne zu. Offene Hinwendung zum Licht tritt uns im Kreis der drei Blätter entgegen und auf höherer Ebene noch einmal in den sechs zarten Blättern in der Blütenkrone. Dieser Charakter der Zuwendung zeigt sich auch in den zahlreichen zarten Staubgefäßen und der lockeren Anordnung der Fruchtblätter im Zentrum der Blüte (s. Farbabb. 4).

Wenn man ein Buschwindröschen ausgräbt, findet man im Boden einen horizontalen, bräunlichen Erdspross, aus dem eine Anzahl von Wurzeln entspringt. Er ist meist kürzer als der der Einbeere, des Maiglöckchens und des Salomonsiegels. Dieser Erdspross (Rhizom) entspricht dem Stängel eines Hahnenfußes oder einer Nelke. Jene Bildung, die sonst zur Sonne hinwächst, ist beim Buschwindröschen an das dunkle Erdreich gefesselt. Die Wurzeln bilden sich unter dem Einfluss der Gravitation. So ist der Spross durch eine übermäßig starke Wirkung der irdischen Schwere in den Boden gebannt. Im zeitigen Frühjahr ist die Macht der Sonne im Leben der Natur noch nicht sehr stark; deshalb dominieren die irdischen Kräfte gegenüber den kosmischen. Von Jahr zu Jahr wächst der Erdspross etwas weiter. An seinem Ende stirbt er ab. An der Spitze entspringt im zeitigen Frühling jener Trieb, in dem sich das Buschwindröschen aus den Wirkungen der Erde löst und der Welt des Lichtes zuwendet. Indem es in den Raum des Lichtes empordringt, stockt das Sprießen. So bleibt das Buschwindröschen in seiner Bildung, wenn es die Sphäre des Lichtes berührt, gleichsam stehen. Es entsteht die Gebärde offener Hinwendung zum Licht.

Je genauer man das Buschwindröschen betrachtet, desto deutlicher erlebt man den rätselvollen physiognomischen Charakter seiner Gestalt. Was spricht sich in dem Scheinquirl der drei Blätter und seiner so offenen Gebärde aus? Was in der innigen Hinwendung der weißen Blüte zur Sonne? Um diese Fragen zu beantworten, muss man bestimmte Erlebnisse der eigenen Seele bewusst durchdringen und zum Organ des Anschauens machen.

Wenn man etwas erlebt, was zu der eigenen Erwartung im Widerspruch steht oder über die bisherige Erfahrung hinausgeht, kommt es zu Überraschung und Erstaunen. In der

Überraschung fühlt sich der Mensch von dem Eindruck wie überwältigt. Dieser trifft ihn unvorbereitet. Sonst antwortet die Seele auf das, was sie erfährt, mit Sympathie oder Antipathie, Freude oder Ärger, Begeisterung oder Ablehnung. Gefühle strömen zu den Dingen hin. In der Überraschung stockt aber diese Bewegung der Seele, auch im Erstaunen. Man bleibt wie betroffen vor dem Eindruck stehen.

Im Erstaunen lebt eine tiefere Seelenregion als in der Überraschung auf. Man erstaunt über das Ungewöhnliche, so etwa über die Geduld eines Menschen, die man noch nicht an ihm kennt; über die Größe eines Baumes, welche die aller anderen Bäume übertrifft; über die Geschicklichkeit eines Tieres, den Glanz eines Steines. Man ist überrascht und öffnet sich weit, um das Neue intensiv aufzufassen. Die von der Seele ausgehenden Strömungen kommen zur Ruhe; es schweigt auch alles Wünschen und Begehren. Die Seele lebt in offener, reiner Zuwendung.

Lernt man in der Selbstbeobachtung die Seelengebärde des Erstaunens kennen, dann werden die Form des Buschwindröschens und das reine Weiß seiner Blüte verständlich. Der bisher unbestimmte physiognomische Eindruck lichtet sich auf. Man findet in ihm eine äußere Manifestation dessen, was man in der eigenen Seele als das Erstaunen erkannt hat. – Überall wo im Frühling Buschwindröschen blühen, erscheint in der Natur das Bild des Erstaunens.

Wenn man nun ein Buschwindröschen betrachtet, gewinnt man zu ihm eine neue Beziehung. Bisher hat man es von außen angeschaut. Nun lebt man mit der eigenen Seele seine Formen und Farben innerlich mit. Man taucht mit dem eigenen, bewusst gewordenen Erstaunen in das Buschwindröschen ein. Dabei modifiziert sich das Erleben etwas. Man erfasst: Das Buschwindröschen ist das Bild eines kindlichen Erstaunens.

Osterglocke (Narcissus pseudonarcissus).

Gegenüber der verhaltenen Form des Weißen Buschwindröschens ist die Osterglocke eine besonders eindrucksvolle Erscheinung unter den Frühlingspflanzen. Sie blüht im vollen Licht der Frühlingssonne auf den noch feuchten Wiesen, vor allem aber dort, wo die Macht des Lichtes besonders groß ist – auf Anhöhen, Hügeln und Bergwiesen. Sie stellt sich dort in die Schönheit der Natur hinein und steigert sie durch das leuchtende Gelb ihrer Blüten.

Wie viele der einkeimblättrigen Pflanzen hat die Osterglocke eine Zwiebel. Wie bei der Tulpe bleibt der knospenhafte Zustand des Winters bestehen, wenn die Blätter und der Blütentrieb in den Raum des Lichtes emporstreben. Unten sind sie von einer scheidenartigen Hülle umschlossen. Dann wachsen die drei oder vier Blätter intensiv dem Licht entgegen. In ihrer Mitte dringt der Blütenstiel nach oben. An seiner Spitze umschließt ein zartes Blatt die Blütenknospe. Diese bricht dann aus der Hülle hervor, wendet sich zur Seite und entfaltet ihre leuchtende Gestalt.

Die Blüte der Osterglocke ist eine der rätselvollsten Blütenformen überhaupt. Der Innenraum weitet sich gleich am Grund und geht in den offenen Kreis der sechs Blütenblätter über. Er setzt sich aber in der eigenartigen glockenförmigen Nebenkrone fort, die sich dem morphologischen Verständnis nur schwer erschließt. So dringt er weit über die Blütenkrone hinaus. Wie die Blätter zur Sonne hinaufstreben, wendet sich die Blüte zur sonnenerfüllten Weite. Zwei Gesten sind in ihrer Form vereinigt: offene Zuwendung zur Umgebung in der Blütenkrone und tiefe innere Hingabe an die Umgebung (s. Farbabb. 5 und 6).

In der Geste der Zuwendung ist die Osterglocke dem Buschwindröschen ähnlich. Die Zuwendung ist aber durch die Gebärde der Hingabe modifiziert. Nun lernt man in der Seele ein Gefühl kennen, das dem Erstaunen verwandt

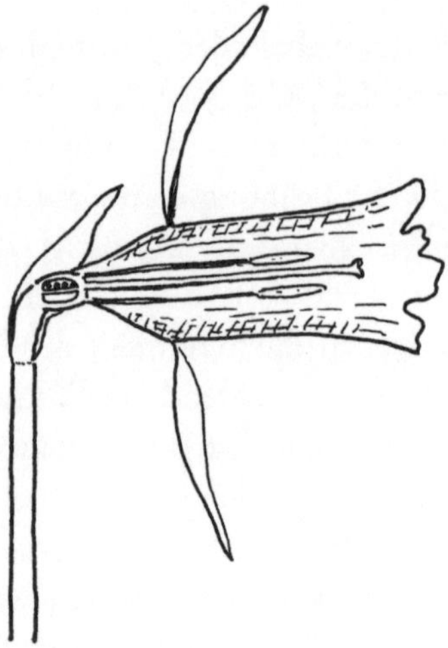

Längsschnitt durch die Blüte einer Osterglocke.

ist, in dem das Erstaunen aber eine starke Verinnerlichung erfahren hat. Das ist das Bewundern. Dieses Gefühl gehört zu den tiefsten Regungen der menschlichen Seele. Es entsteht, wenn die Natur im Glanz der Schönheit erstrahlt und wenn man die Erhabenheit der Natur erlebt. Oder man bewundert die moralische Größe eines Menschen, bedeutende Werke der Kunst, die Gedankentiefe und geistige Klarheit des Denkers. In der Bewunderung öffnet sich die Seele immer einem Geistigen, das ihr unmittelbar oder durch äußere Erscheinungen entgegentritt.

Wie ist aber die innere Seelengebärde des Bewunderns? Die Seele wendet sich dem, was sie bewundert, offen und rückhaltlos zu. Unter dem Eindruck des Großen und Bedeutenden sind ihre Tore weit geöffnet. Aus der Tiefe kommt ein Verlangen, sich an das hinzugeben, was man erlebt. Die Seele möchte dies in ihr Inneres aufnehmen und mit ihrem eigenen Dasein vereinigen. Das Innere strömt dem Schönen und Erhabenen entgegen, um sich mit ihm zu erfüllen.

Wenn man mit dieser Anschauung die Osterglocke betrachtet, wird ihre Physiognomie verständlich. Sie offenbart sich als Bild des Bewunderns. Am deutlichsten erfasst man den Ausdruck des Bewunderns in der Form der Blüte, auch in ihrem leuchtenden Gelb. Dieses ist in der Nebenkrone intensiver als im Kreis der Blütenblätter, d. h. dort, wo die Seelenkraft innerlicher wirkt. Man findet die Geste des Bewunderns aber auch in der Art, wie Blätter und Blütentrieb aus dem Innenraum der Zwiebel der Sonne entgegenwachsen.

In der physiognomisch-imaginativen Betrachtung lernt man den Naturzusammenhang tiefer verstehen. Indem man nun auch die Osterglocke in ihren Formen und Farben mit der eigenen Seele bewusst durchdringt, erfasst man, wie Bewunderung gerade dann in der Natur auftaucht, wenn sie wie im Frühling besonders schön ist.

Das Leben der Natur und das, was sich in ihm seelenhaft offenbart, stehen offensichtlich in einem inneren Zusammenhang. Im Schneeglöckchen, das als eine der ersten Pflanzen blüht, wenn die Sonne die Erstarrung und Ruhe des Winters zu überwinden anfängt, tritt das Bild des beginnenden Erwachens in der Natur auf. Bald danach erscheint im Krokus das Bild des Sehnens, d. h. jener Regung, die sich einer zukünftigen Erfüllung zuwendet. Wenn dann etwas später die Kraft der Sonne am intensivsten zunimmt und das Leben der Erde sich wieder neu mit der Sonne verbindet, erscheint im Buschwindröschen die Physiognomie des Erstaunens und im vollen Licht der Frühlingssonne, in der Osterglocke, die des Bewunderns. Und wenn der Frühling im Mai seinen Höhepunkt erreicht, leuchtet uns, wie wir in dem vorangehenden Kapitel gesehen haben, in den

Tulpen das Bild der Hoffnung entgegen. Das sind Schritte auf einem Wege, auf dem sich in einer sich wandelnden Physiognomie Seelenregungen offenbaren, in denen sich Inneres immer stärker nach außen wendet.

DAS MÄRZ-VEILCHEN

Das Schöne berührt uns immer in besonderer Weise. Es löst uns etwas aus dem Alltäglich-Gewohnten. Jeder kennt diese Erfahrung. Was ihr zugrunde liegt, ist aber nicht leicht zu sagen. Es gibt zwei Reiche des Schönen, die Kunst und die Natur. So sollte jeder, der die Natur verstehen will, sich bemühen, dem Rätsel des Schönen nachzuspüren. Man kann sich dabei an einer Bemerkung Goethes orientieren. «Das Schöne ist ein Urphänomen, das zwar nie selbst zur Erscheinung kommt, dessen Abglanz aber in tausend verschiedenen Äußerungen des schaffenden Geistes sichtbar wird und so mannigfaltig und so verschiedenartig ist als die Natur selber.»[11] Die Schönheit einer Rose ist eine andere als die der Eiche, die einer Wolkenformation eine andere als die eines von Bäumen umrahmten Sees. Immer aber empfindet man etwas wie den Glanz aus einer verborgenen Welt.

Diese Auffassung findet man seit der Antike in den verschiedensten Formulierungen. So schreibt Hugo von St. Viktor in der ersten Hälfte des 12. Jahrhunderts: «Unsere Seele kann nicht direkt zur Wahrheit des Unsichtbaren aufsteigen, es sei denn, sie wäre durch die Betrachtung des Sichtbaren geschult, und zwar so, dass sie in dem Sichtbaren Sinnbilder der unsichtbaren Schönheit erkennt. Da nun aber die Schönheit der sichtbaren Dinge in ihren Formen gegeben ist, lässt sich entsprechend aus den sichtbaren Formen die unsichtbare Schönheit beweisen, weil die sichtbare Schönheit das Abbild der unsichtbaren Schönheit ist.»[12]

Das Schöne hat für den Menschen offenbar eine zweifache Bedeutung. Indem wir es genießen und bewundern, belebt es unser Inneres. Wenn uns aber bewusst wird, dass sich in der Schönheit durch die sinnliche Erscheinung ein Unsichtbar-Wesenhaftes äußert, dann kann die Ahnung dieses Wesenhaften zum Antrieb werden, es in voller Klarheit kennenlernen zu wollen.

Die Schönheit der Natur ist im Frühling eine andere als im Sommer und Herbst. Wenn sich an der Erde und im Gezweig der Büsche durch die wärmende Wirkung der Sonne die Knospen öffnen und das zarte Grün aus der trockenen Hülle hervordringt, dann verbindet sich das Leben der Erde wieder neu mit dem Kosmos. Dieses «Erwachen» des Lebens ist nicht nur Anfang eines Geschehens, das dann im Sommer mit der Fülle des Blühens seinen Höhepunkt erreicht. Es birgt auch eine eigene Qualität. Denn schon im März und April kommt es zu einem ersten Blühen. In den noch lichten Wäldern findet man den Gelbstern *(Gagea lutea)* und den Blaustern *(Scilla bifolia)*, das Leberblümchen *(Anemone hepatica)*, das Buschwindröschen *(Anemone nemorosa)* und das Lungenkraut *(Pulmonaria officinalis);* dort, wo es etwas feuchter ist, das Gelbe Windröschen *(Anemone ranunculoides)*. Im Gebüsch, auf Wiesen und im lichten Wald blühen Primeln *(Primula elatior, Primula officinalis)*, auf feuchten Wiesen und an Gräben die Sumpfdotterblume *(Caltha palustris)*, an Wegrändern der Huflattich *(Tussilago farfara)* und auf Äckern die Rote Taubnessel *(Lamium purpureum)*. Zu dieser frühen Zeit des Jahres gehören auch das Schneeglöckchen *(Galanthus nivalis)*, der Märzenbecher *(Leucojum vernum)* und der Krokus *(Crocus albiflorus, Crocus sativus)*.

So verschieden diese Pflanzen sind, eines ist ihnen gemeinsam: ihr unaufdringlicher, verhaltener Charakter. Den

Eindruck, den man von ihnen gewinnt, gibt das Wort «innig» wohl am besten wieder. In einer Pflanze kommt diese Frühlingsqualität aber am schönsten zum Ausdruck, im März-Veilchen *(Viola odorata).*

Man muss wach und aufmerksam durch die Natur gehen, wenn man das März-Veilchen finden will – an einem Bachufer, unter einer Hecke, am Waldrand oder im Laubgehölz. Dort wächst und blüht es dicht am Boden. Es tritt weit weniger in die Erscheinung als die anderen Frühlingspflanzen. Es strebt nicht in die Höhe wie der Blütenstand der Primel oder des Gelbsterns. Seine Sprosse breiten sich als Ausläufer aus. An ihnen entspringen die Blätter. Der Stiel ist relativ lang. Die Blattspreiten entfalten sich in einer eigenartigen Bewegung. Indem sie sich nach beiden Seiten hin ausrollen, wenden sie sich wie von innen zur Sonne. Ihre Form ist besonders harmonisch. Sie strebt nicht wie bei schmalen Blättern nach außen, sondern weitet sich nach allen Seiten. Durch das dunkle Grün nehmen die Blätter das Licht stark in ihre Lebensprozesse auf. So vereinigen sich in den Blättern zwei Qualitäten: Harmonie mit der Umgebung und aufnehmende Hingabe zur Sonne (s. Farbabb. 8).

Aus den Achseln dieser Blätter gehen die Blüten hervor. Zunächst streben die Blütenstiele nach oben, wenden sich dann aber nach unten. Wie im Spross wird alles, was einem Sich-in-den-Umkreis-Hineinstellen gleichkäme, zurückgenommen. So wendet sich die Blüte in der Gebärde des Sich-Zurücknehmens der Umgebung zu.

Es gibt wenige Blüten, die den Betrachter so stark berühren wie die des Veilchens. Worte können den Eindruck nur annähernd wiedergeben. In den beiden oberen Blütenblättern spricht sich eine wache Hinwendung aus; in den zwei seitlichen sympathische Zuwendung und Gewährenlassen; in dem unteren eine empfangend-aufnehmende Geste. Die-

März-Veilchen (Viola odorata).

ser differenzierten Gebärde entspricht die zumeist dunkelviolette Farbe (s. Farbabb. 7).

Dieser so verhaltene Charakter der Veilchenblüte ist dem der typischen Staubgefäße, d. h. dem zentrifugalen Hinausstreben, entgegengesetzt. So wird die Bildung der Staubgefäße stark modifiziert. Sie treten nach außen überhaupt nicht in Erscheinung. Ihre Staubfäden sind weitgehend unterdrückt. Von den vier Pollensäcken werden nur zwei richtig ausgebildet. Vor allem: die Pollensäcke schließen sich zu einem Ring zusammen. Der Bildungsprozess ist so stark zurückgehalten, dass die Metamorphose von den Blütenblättern zu den Staubgefäßen unvollständig bleibt. Man findet nämlich an der Spitze der Staubgefäße noch

Reife Frucht, geschlossen und aufgeplatzt (aus Strasburger, Lehrbuch der Botanik).

ein kleines gelbes Blättchen. So kommt es im Zentrum der Veilchenblüte zu einem zweiten, ganz verhaltenen Blühen.

Das alles ist Ausdruck einer Verinnerlichung, die sich bis in viele Einzelheiten manifestiert. In den Staubgefäßen ist die Tendenz, im Umkreis aufzugehen, nicht nur ganz abgeschwächt; an den beiden unteren Staubgefäßen entstehen sogar spornartige Konnektivanhänge, die nach innen in den Sporn Nektar absondern. Auch die Narbe ist eigenartig modifiziert. Ihre Spitze ist abgebogen, sie weitet sich nicht wie sonst in einigen Narbenästen zur Umgebung, sondern trägt an ihrer Spitze eine Höhlung. So ist die Bestäubung ein aufnehmendes Empfangen von Blütenstaub in einem Innenraum. Wenn dann die Früchte reifen, öffnen sie sich und bieten zunächst wie in drei schmalen Schalen die Samenkörner dar.

Eine solche Betrachtung verstärkt und differenziert den ästhetischen Eindruck. Sie macht bewusst, was dem Veilchen seinen innigen Charakter verleiht. Es ist die Verbindung des Sich-Zurücknehmens mit empfangendem Sich-Hinwenden. Diese beiden Gebärden findet man in allen

Teilen: im Spross und in den Blättern, vor allem in der Blüte, aber auch in den reifen Früchten. – Was ist es aber, was sich in diesen Gebärden ausspricht? Wie kommt man von dem ästhetischen Eindruck zu dem, was wesenhaft in der innigen Schönheit des Veilchens lebt?

Ein Kunstwerk, das Bild eines Malers beispielsweise, lernt man verstehen, wenn man über den ästhetischen Eindruck hinausgeht, indem man es mit den Kräften seiner Seele durchlebt. Man belebt im Anschauen in sich die Komposition in ihren Farben, ihren Formen, ihren Gebärden und Beziehungen. Dabei malt man das Bild in seinem Inneren noch einmal. Das Anschauen wird inneres Nachschaffen, durch das man in jede Nuance und in das Ganze eindringt. Es ist, wie wenn man mehr und mehr in dem Bild selbst leben würde. Die Kluft, die uns sonst von den Dingen trennt, verschwindet.

Allerdings, man muss dem Kunstwerk gewachsen sein. Je bedeutender das Kunstwerk ist, desto tiefere Kräfte des Geistes und der Seele muss man im Prozess des Nachschaffens aktivieren. Nur demjenigen lichtet sich die Schönheit eines Kunstwerkes, der seinem Schöpfer in gewisser Weise kongenial wird. Der Weg des ästhetischen Verstehens gleicht dem Lesen eines Textes, bei dem im Leser die Gedanken aufleuchten, die der Autor beim Schreiben gedacht hat.

Man muss in ähnlicher Weise verfahren, wenn man in die Schönheit der Natur eindringen will. Auch hier kommt es darauf an, dass man kongenial wird. Die Schönheit der Natur verlangt allerdings von dem, der sie ergründen will, eine größere Anstrengung als die Schönheit eines Kunstwerkes. Welche Kräfte der eigenen Seele sind es, durch die man bewusst erfassen kann, was in den Gebärden des Veilchens als inneres Wesen lebt?

Hier ist es erforderlich, dass man bestimmte Tatsachen im Bereich der Gefühlswelt ins Auge fasst. In den Gefühlen der menschlichen Seele ist immer auch ein Ich-Erleben enthalten. Wären die Gefühle nicht von einem feinen Ich-Erleben durchdrungen, dann könnte man nicht empfinden: ich freue mich, ich staune, ich bin betrübt. Ohne das Ich-Bewusstsein würde dem Gefühlsleben ein gemeinsames Zentrum fehlen. Die Seele müsste in ihren Gefühlen zerfließen. Man käme auch nie zu einer Herrschaft im Reich der Gefühle.

Nun gibt es Gefühle, in denen das Ich-Erleben besonders stark ist. Zu ihnen gehören z.B. Stolz, Hochmut, Eitelkeit, Ehrgeiz und Koketterie. Wenn der Mensch im Stolz vor allem sich selbst empfindet, dann wird das, was sonst für die Gefühle so charakteristisch ist, abgeschwächt: die innere Beziehung zu den Dingen der Welt. Man erlebt sich als Zentrum und verliert die innere Seelenverbindung zur Umwelt. Das Herz wird in der Egozentrik kalt. Ihm werden das Schicksal und die Not der anderen gleichgültig, die Anteilnahme ist nur äußerlich. Die moralischen Qualitäten im Bereich der Gefühle können sich nur entwickeln, wenn das Selbst-Erleben abgedämpft wird. «Dadurch hat die Seele die Möglichkeit, innerhalb der Sinneswelt die Schulung für die edelste sittliche Kraft, für das Mitgefühl, zu erleben.»[13]

Man kann also drei Bereiche des Fühlens unterscheiden: einen ersten, in dem das Ich-Gefühl so intensiv ist, dass der Mensch sich selbst Mittelpunkt ist und diese Selbstbetonung auch im Verhältnis zu seiner Umgebung auslebt. Dann ein zweites Gebiet der Gefühle, durch das der Mensch in eine vielfältige Beziehung zur Welt treten kann, weil das Selbstgefühl schwächer ist. Schließlich kann der Mensch das Selbstgefühl abdämpfen, damit sich die Beziehung zu den Dingen und Menschen zu innerer Anteilnahme vertieft, in der die Not des anderen wichtiger wird als der eigene Vorteil oder das eigene Wohlergehen. Diese moralische Qualität des Fühlens entwickelt sich, wenn der Mensch die Kraft aufbringt, die er braucht, um sein Selbst zurückzunehmen. Durch Selbst-Überwindung entstehen die selbstlosen Gefühle.

Dabei verwandelt sich die fühlende Seele nach zwei Richtungen hin. Die eine haben wir schon erwähnt. Durch Steigerung der Hingabe entsteht das Mitgefühl. Da strömt das Gefühl zu einem anderen Wesen und nimmt innerlich Anteil an dessen Leben und Schicksal. Nun kommt dem Menschen aber auch viel von der Welt zu – die Nahrung, die Arbeit anderer Menschen, schicksalhafte Begegnungen usw. Auch nach dieser Seite hin kann das Selbstgefühl abgeschwächt werden. Dann wird der Mensch in seiner Seele bescheiden und dankbar.

Es gibt aber höhere Grade der Selbstüberwindung. Dem Menschen widerfährt manches, was ihn in seinem Selbstwertgefühl verletzt. Dann bäumt sich das Innere auf. Es brechen Ereignisse in den Gang des Lebens ein, die Hoffnungen zerstören und das bisherige Schicksalsgefüge zerreißen. Könnte man eingreifen, man würde sie verhindern. Man erträgt sie, weil man ohnmächtig ist. Auch hier kann der Mensch eine Haltung erringen, welche der entspricht, die er in den mehr äußeren Lebensverhältnissen schon als Bescheidenheit erworben hat. Es entsteht das Gefühl der Ergebenheit. Der Mensch nimmt sich zurück, wendet sich offen dem Leben zu und nimmt ohne Widerstreben bejahend an, was auch immer es mit sich bringt. Er wird dem Leben und dem Schicksal gegenüber demütig.

Wenn der Mensch sich bzw. die Selbstliebe bis zu diesem Grade überwindet, verändert sich seine Beziehung zur Welt in einschneidender Weise. Er wird gewahr, dass er sich durch sein Selbst so von der Welt abgesondert hatte, dass er sie nur von außen kannte. Nun wird das Äußere transparent. Neue, tiefere Dimensionen tauchen auf; auch in dem, was schwer und leidvoll ist, wird ein Sinn sichtbar. Die Nebel der Selbstbezogenheit, in denen die Seele bisher befangen war, lösen sich auf. Der Mensch erfährt die Größe und Tiefe des Lebens und der Welt. Er nimmt in Demut und Ergebenheit tief in sich auf, was ihm aus dieser Größe und Tiefe zukommt. Im Stolz fühlt sich die Seele bedeutend und groß. In der Demut erlebt sie sich klein gegenüber der Größe und geistigen Erhabenheit der Welt. Indem der Mensch sich in der Demut zurücknimmt und den geistig-wesenhaften Hintergrund des äußeren Daseins ahnend erlebt, kann er sich dem, was ihm nun als das Göttliche bewusst wird, in innerer Ergebenheit zuwenden. Dann erreicht die Seele eine zunächst letzte Station auf dem Weg der Selbstüberwindung. Sie wird fromm.

Von Gefühlen wie Demut und Frömmigkeit gewinnt man in anderer Weise ein Bewusstsein als von den Dingen der Außenwelt. Auf eine Pflanze wie das Veilchen schaut man von außen hin. Das ist gegenüber den Gefühlen nicht möglich; denn in der Innenwelt der Seele gelten nicht die Bedingungen des Raumes. Will man Gefühle kennenlernen, dann muss man im Fühlen selbst bewusster werden. Eine Melodie kann man nicht nur hören, man kann sie im Hören innerlich regsam mitvollziehen. In ähnlicher Weise kann man Demut und Frommsein bewusst durchleben. Dann lebt man in ganz bestimmten inneren gebärdenhaften Bewegungen.

Hier berühren sich beide Betrachtungen, die äußere des Veilchens und die innere der Gefühle. In den Formen des Veilchens haben wir bestimmte Gebärden bemerkt. Es blieb aber unklar, was sich in ihnen ausspricht. Nun sind wir durch die Gefühle in eine Welt der Gebärden gekommen, die wir von innen kennen, weil sie unser eigenes Wesen sind.

Man könnte die Seelengebärde von Demut und Frömmigkeit malen oder zeichnen – und würde bemerken, dass man gefunden hat, was als Inneres in den Formen des Veilchens lebt. Im Bild der Demut würde man eine Geste vergebens suchen: die in sich zentrierte, selbstbetonte vertikale Seelenhaltung. Das egozentrische Sich-in-die-Welt-Stellen ist überwunden; es ist zurückgedrängt. Dies kommt in der ganzen Bildung des Veilchens zum Ausdruck. Ein Vergleich mit dem Stiefmütterchen *(Viola tricolor)* zeigt das sehr schön. Beim Stiefmütterchen drängt der Spross nach oben. Beim Veilchen ist er ganz zurückgehalten, Blätter und Blüten entspringen wie aus Knospen unmittelbar an den Ausläufern. Aus der Grundgeste der Zurückhaltung wendet sich das Innere unaufdringlich zur Welt. Diese Gebärde lebt in den Blättern, die, wie wir gesehen haben, wie von innen zur Sonne in Beziehung treten und ihr Licht stark in sich aufnehmen. Selbstüberwindung äußert sich eindrucksvoll im Blühen. Das Innere, das sich in den Formen und Farben der Blüten äußert, hat sich durch den Blütenstiel, der sich nach unten neigt, ganz zurückgenommen. In der Hinwendung zur Welt findet man die Gebärde der Offenheit, besonders in den oberen Blütenblättern; in den beiden seitlichen, leicht nach unten gerichteten Blütenblättern lebt die Geste der Ergebenheit, die nach unten übergeht in die des Empfangens. So ist das Blühen in seinem Zusammenhang mit der übrigen Pflanze insgesamt ein Bild der Demut.

Wenn die Seele in dieser Haltung aufnimmt, was ihr an Erlebnissen aus der Tiefe einer göttlichen Weisheit zukommt, dann entsteht in ihrem Inneren religiöse Gestimmtheit. So kommt es in den violetten Blüten des Veil-

Stiefmütterchen (links) und März-Veilchen (rechts)
(aus Hegi, Flora von Mitteleuropa, Band 5, Teil 1).

chens zu einem zweiten, lichten inneren Blühen (an den Staubgefäßen). Und dieses innere Leben dringt in die Tiefe der Seele, in einen Innenraum, der sich beim Veilchen in dem Sporn manifestiert. Im Ganzen gesehen: Wie die Seele in der frommen Demut um ihre Kleinheit gegenüber der Welt weiß, so ist auch die geringe Größe des Veilchens ein Ausdruck seines Wesens. Man schaut nur richtig auf das Veilchen hin, wenn man zugleich auch an die Größe und Tiefe der Welt denkt. Denn zu ihr steht das Veilchen in einem «ergebenen» Verhältnis.

Wenn im März und April die Erde sich in unseren Breiten wieder neu mit der Sonne verbindet, indem die ruhenden Keime des Lebens durch die Kräfte aus dem Kosmos auferstehen, taucht in der Natur das Bild frommer Demut auf. Am vollkommensten ist dieses Bild im März-Veilchen. Zur gleichen Zeit oder nur wenig später blühen auch das Wiesen-Veilchen *(Viola hirta),* das Hügel-Veilchen *(Viola collina),* das Hain-Veilchen *(Viola riviniana),* das Sumpf-

Veilchen *(Viola palustris),* das Hunds-Veilchen *(Viola canina),* das Wunder-Veilchen *(Viola mirabilis)* und das Weiße Veilchen *(Viola alba).* Bei einigen dieser Veilchen ist die Gebärde der Zurückhaltung nicht so stark wie bei dem März-Veilchen, und nur wenige verströmen einen so innigen Duft. Dennoch ist es eine bewegende Tatsache, dass zu jener Zeit, in der die Sonne wieder stärker in das Dasein der Erde eingreift, in den verschiedenen Bereichen der Natur – die Namen der verschiedenen Veilchen deuten darauf hin – das Bild der Demut auftaucht. Die Pflanzen sind die vielgestaltige Lebenssphäre der Erde. Wenn in ihr das Bild der Demut oder Frömmigkeit erscheint, dann wirkt hier die Kraft des selbstlosen Fühlens; es ist so tief in das gestaltende Leben untergetaucht, dass es in ihm zum Ausdruck kommt. Überall, wo Veilchen blühen, tritt die Erde selbst in eine selbstlos empfangende Beziehung zu den Kräften, die ihr aus dem Kosmos zufließen. So ist das Veilchen mit seiner frommen, demutsvollen Gebärde nicht nur eine besonders innige Erscheinung im Frühling; in ihm offenbart sich der Frühling, die neue Verbindung der Erde mit der Sonne, in der wohl eindringlichsten Form. Man erfasst in der vollen Klarheit des Erkennens, dass diese Beziehung auch eine moralische ist.

In der Schönheit des Veilchens ahnt man zunächst etwas von seinem Wesen und von dieser Beziehung. Dichter haben immer wieder etwas von dem Geheimnis ausgesprochen.

In einem Gedicht von Weiße heißt es:

> Du bist der Demut Ebenbild,
> Die in der Stille wohnt …

Wenn man auf mittelalterlichen Bildern, besonders auf solchen, die Maria mit dem Kind in einem Garten darstellen, unter den Blumen das Veilchen findet, dann ist die Demut gemeint, eine Eigenschaft, die man vor allem der Gottesmutter zuschrieb.

Schönheit in der Natur ist Hinweis auf ein Geheimnis, Ausgangspunkt eines Weges, der in das Innere der Natur führt. Wenn sich auf diesem Weg das Geheimnis des Veilchens ausspricht, dann begreift man die so innige Schönheit des Veilchens. Sie ist so bedeutend, weil das, was in ihr lebt, zu den tiefsten Seelenkräften gehört.

DER ARONSTAB

Es gibt in der lebendigen Natur Erscheinungen, die nicht recht in unser gewohntes Bild von Pflanzen und Tieren hineinpassen. Man fasst sie bisweilen als Kuriositäten auf und schiebt sie in ein besonderes Reich des Absonderlichen ab. Sie üben aber eine eigentümliche Anziehungskraft aus. Man empfindet an ihnen stark das Rätselhafte, das man sonst vielfach nicht bemerkt. Zu den Pflanzen dieser Art gehört der Aronstab *(Arum maculatum).*

Findet man im April oder Mai an einer feuchten, vielleicht etwas modrigen Stelle im Laubwald oder in einem Gebüsch eine Aronstabpflanze, gewinnt man den Eindruck des Fremdartigen. Kaum etwas stimmt mit der Gestalt der Blütenpflanzen, zu denen er doch gehört, überein. Er bildet keinen Spross, an dem sich die Blätter in die umgebende Atmosphäre entfalten. Sein Spross ist als kurzes Rhizom durch Wurzeln an das dunkle, feuchte Erdreich gefesselt. Dort entspringen zumeist drei Blätter. Ihre Stiele wachsen gleich Stängeln fast senkrecht in die Höhe. Dort breiten sich in der feucht-dämmrigen Umgebung die Blattspreiten horizontal aus. Ihre Farbe ist satt dunkelgrün; ihre eigenartige Form weist zugleich nach außen und nach innen. Zwischen den Blättern erhebt sich aus dem Rhizom ein Stängel, der ein eigentümliches Gebilde trägt. Ein blassgrünes Blatt, dessen Spitze nach oben weist und das sich unten zu einem Krug oder Kessel zusammenschließt. Diese Bildung ist wie eine merkwürdige Abart der Blüte: nach oben

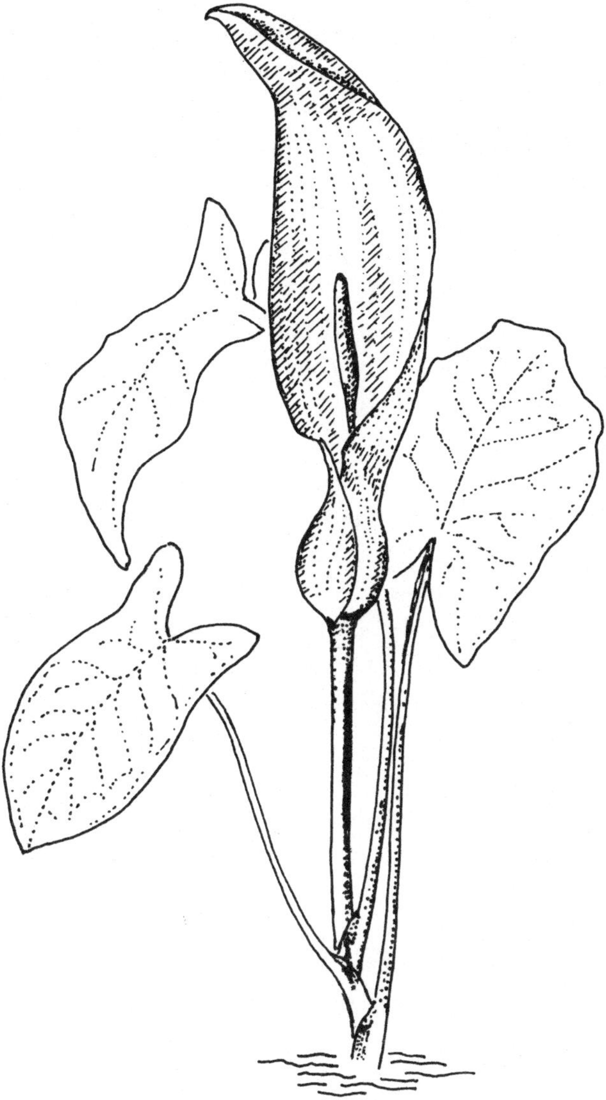

Aronstab (Arum maculatum).

ein halb offener Trichter, unten ein von der Umgebung abgesonderter Raum. Aus ihm steigt als Fortsetzung des Stängels braunviolett ein kolbenähnliches Gebilde empor, das für kurze Zeit einen widerwärtigen Gestank verströmt (s. Farbabb. 9–11). Der Botaniker bezeichnet das grüne, am Rand bisweilen violett gefärbte Blatt, das den Trichter und den Krug bildet, als Spatha, die Fortsetzung des Stängels im Innern des Kruges als Spadix und den braunvioletten Kolben als dessen Appendix. Dieser Aronstab-«Blüte» fehlt alles, was sonst für eine Blüte charakteristisch ist: die Verwandlung der grünen Blätter zu den zarten Blättern der Blütenkrone und deren seelenhafte Farbigkeit, die offene Hingabe an die Sonne und der verfeinerte Duft ätherischer Öle. Es ist, wie wenn das Blühen in ein Gebiet grober stofflicher Wirkungen herabgezogen wäre.

Dieser Eindruck verdichtet sich bei einer genaueren Betrachtung. Öffnet man den Innenraum, kann es passieren, dass eine größere Anzahl kleinerer Fliegen wie aus einem Gefängnis entweicht. Der Gestank hatte sie angelockt; sie waren in den grünen Kessel hinuntergekrochen, konnten aus ihm aber nicht entkommen. Denn dort, wo der Trichter in den Kessel übergeht, bilden zahlreiche kleine Schuppen, die am Spadix befestigt sind, eine Reuse; sie gewährt Zutritt, versperrt aber den Ausgang für eine gewisse Zeit. Unterhalb dieser Reuse findet man eine größere Anzahl degenerierter Blüten, von denen nur die Staubgefäße übrig geblieben sind. Noch tiefer im Kessel umgeben viele Fruchtknoten die Achse. Auch sie sind hochgradig degenerierte Blüten. So wird deutlich, was da in dem Krug eingeschlossen ist: ein bis ins Extrem zurückgebildeter Blütenstand.

Wenn sich die Pflanze zum Blühen erhebt, entsteht gewöhnlich zunächst mit dem Blütenstand eine höhere Stufe der Sprossbildung. An dem Zentralspross entfalten sich

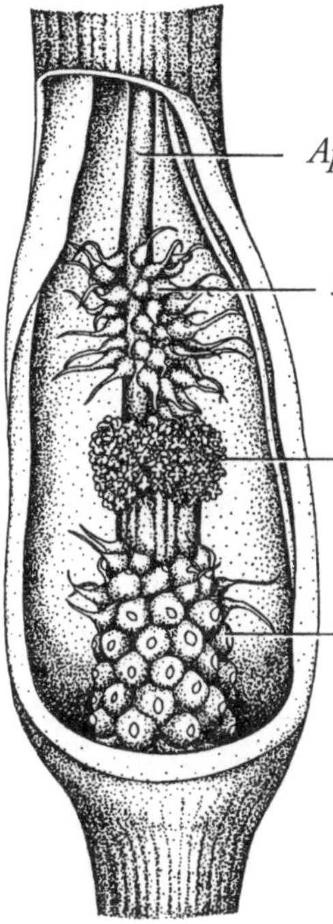

Der Kessel des Aronstabblütenstandes
(aus Mohr u. Schopfer, Lehrbuch der Pflanzenphysiologie).

Seitentriebe, die in die Weite und Höhe streben. An ihnen bilden sich die Blüten. Beim Aronstab ist diese Entfaltung vollständig unterdrückt, ebenso die Blütenkrone und der eine Teil der inneren Blütenorgane. Der andere Teil ist an die zentrale Achse gefesselt und von der Umgebung, zu der sich die Pflanze im Blühen sonst hinwendet, ganz abgesondert.

Was spricht sich in diesen Tatsachen aus? Im grünen Spross der Blütenpflanzen ist zunächst immer eine Tendenz zur Wurzelbildung vorhanden. So kann der abgeschnittene

Stängel in der Vase Wurzeln treiben. Diese Tendenz, sich mit der Erde zu verbinden, erlischt im Blütenstand. Hier wird die Beziehung zur Sonne in den Lebens- und Bildungsprozessen vorherrschend. Eine solche Beziehung zur Sonne erreicht der Aronstab nie. Sein Blütenstand entwickelt sich nicht erst, wenn sich die Pflanze mit ihrem grünen Spross in die durchsonnte Atmosphäre erhoben hat; er steigt unmittelbar aus dem Rhizom, d. h. aus dem dunklen und feuchten Erdreich, empor. So steht die Blütenregion unter dem direkten Einfluss jener Kräfte, die aus dem Boden aufsteigen. Das sind die gleichen Kräfte, die sonst bei den Pflanzen im unteren Bereich des Stängels wirken: Feuchtigkeit und verdichtende Gravitation,[14] durch die im Stängel die erforderliche Festigkeit entsteht. Die aus dem Erdboden stammenden Wirkungen haben ein solches Übergewicht, dass sie die Hingabe an die Sonne unterdrücken. Gewöhnlich stockt in der Pflanzenbildung das von unten nach oben drängende Sprießen, wenn am Ende des Sprosses eine Blüte entsteht. Die aus dem Boden aufsteigenden Kräfte wirken beim Aronstab so ungehemmt, dass noch über dem degenerierten Blütenstand der Kolben als merkwürdig umgebildeter Stängel entsteht.

Das manifestiert sich noch in einer weiteren Tatsache. Wenn die Pflanze in ihrer Entwicklung zur Blütenbildung fortschreitet, müssen nicht nur die von der Erde ausgehenden Wirkungen zurückweichen. Wo Blüten entstehen, muss Wärme die Lebensvorgänge stärker durchwirken als bei der Entwicklung des grünen Sprosses. Dadurch wird die Pflanze in ihren Blüten der Sonne verwandt. Im Aronstab erhebt sich die Pflanze nicht zu dieser Verwandtschaft mit der Sonne. Die Wärmeprozesse verlaufen anders. Während sich die «Blüte» entwickelt, wird im Appendix (Kolben) viel Stärke abgelagert. Wenn sich dann die «Blüte» öffnet, steigen im Kolben die Atmungsprozesse intensiv an. Die Stärke wird verheizt. Dies beginnt am späten Nachmittag und erreicht in den frühen Abendstunden seinen Höhepunkt. Im Kolben steigt die Temperatur um 20° C über die der Umgebung. Durch die Erhitzung werden in der Dämmerung die Duftstoffe verdampft und die kleinen Fliegen angelockt. In dem Kessel bestäuben sie mit Pollenstaub aus einer anderen Aronstabpflanze die Fruchtknoten. Erst dann sind die Staubgefäße reif. Schließlich verwelken auch die Schuppen der Reuse und geben den mit neuen Pollen versehenen Fliegen den Weg nach außen frei. Wärme wirkt hier nicht umwandelnd in den Lebens- und Bildungsprozessen; sie entsteht als äußere Wärme in der Aufheizung des Appendix. Sie führt nicht zur Hingabe der Blüte an die Sonne, sondern zum Ansaugen von Insekten in den sich von der Umgebung absondernden Kessel.

Wir haben mit einer gewissen Sorgfalt den Aronstab vor allem in seiner Gestalt betrachtet. Durch den Vergleich mit der typischen Entwicklung der Blütenpflanze wird deutlich, wie seine ganze Bildung unter einem übermächtigen Einfluss der irdischen Wirkungen entsteht. Auf diesem Wege kommt man zu einem morphologischen Verstehen des Aronstabes.

Damit ist das Rätsel seiner Erscheinung aber noch nicht gelöst. Es bleibt ein Rest. Denn die Erscheinung des Aronstabes hat nicht nur einen morphologischen, sondern auch einen physiognomischen Charakter. Seine ganze Gestalt, die eigenartige Form der Blätter, das blasse Grün der Spatha, ihre nach oben gerichtete Spitze, die trichterartige Form, die Verengung im Übergang zu dem Kessel und das Zentrum dieser Blüte, der Kolben, berührt den Betrachter wie eine in der Form geronnene Gebärde. Gerade wenn man zu einem morphologischen Verständnis gelangt und nicht nur die Formen, sondern auch ihre Bildung erfasst, tritt der physiognomische Ausdruck stark hervor. Er ist genauso rätselhaft, wie es zunächst die Gestalt war. Würde man sich in seinem Bemühen, den Aronstab zu begreifen, mit dem Ergebnis der morphologischen Betrachtung zufrieden geben, so bliebe ein wichtiger Aspekt seiner Erscheinung unberücksichtigt.

Um auch diesen mit dem Bewusstsein zu durchdringen, bedarf es, wie wir in den vorangehenden Kapiteln gesehen haben, einer bestimmten Methode. Im Grundsätzlichen stimmt diese mit der morphologischen Betrachtung überein. Will man das Rätselhafte einer Erscheinung aufhellen, muss man immer das zunächst verborgene Wesen im eigenen Denken erfassen. Denn nur das, was man im Denken voll bewusst ergreift, ist geeignet, Licht in die dunklen Erscheinungen zu bringen. Bei allem urteilenden Erkennen gilt das Prinzip, dass man die Wahrheit einer Sache erfasst, wenn man zur *adaequatio rei et intellectus,* der Übereinstimmung des Gegenstandes mit dem Denken, gelangt. Das gilt beim physiognomischen wie beim morphologischen Erkennen. Nur ist das, was man im Denken zu ergreifen hat, ein anderes; denn es geht nun um eine andere Wesensschicht des betreffenden Dinges.

Um zu erkennen, was sich physiognomisch manifestiert, muss man Seelisches mit dem Denken durchdringen. Selbstverständlich hat man dieses Seelische zunächst ganz für sich zu ergreifen; erst dann kann man untersuchen, inwieweit Übereinstimmung mit der Erscheinung herrscht. Voreiliges Suchen nach irgendwelchen Entsprechungen ist nur hinderlich. Man muss aber wissen, welches Gebiet des Seelenraumes man mit dem Denken aufhellen sollte.

Nun weist der Aronstab in eine bestimmte Richtung. Seine Formen enthalten nichts, was den Charakter von Hingabe hat. In der «Blüte» kommt selbstbezogenes Aufsaugen zum Ausdruck; nicht inneres Sich-Hinwenden an die Sonne, sondern ein Hereinsaugen in den eigenen Innenraum. Das hat eine Beziehung zu dem, was im Seelischen als Begierde oder Gier lebt. Was aber sind Gier und Begierde?

Man kommt in das Gebiet der dunklen Triebkräfte, die kaum von den Absichten des Ich beeinflusst werden. Gier und Begierde sind stark an die Lebensprozesse des Leibes gebunden; so richten sie sich auch auf Stoffliches. Es gibt Gier nach Fleisch, aber nicht nach einem Bild von Rembrandt. Wenn eine Begierde aufglüht, drängt sie heftig nach außen. Dort möchte sie das, wonach sie verlangt, an sich ziehen und in sich aufsaugen, um an ihm für eine kurze Zeit in Lustempfindungen Befriedigung zu finden. In diesem Lustempfinden ist die Seele nur bei sich, abgesondert gegenüber der Umgebung. Die Begierde ist immer auf ganz Bestimmtes gerichtet. Was ihrem Verlangen nicht entspricht, weist sie ab. Gier ist immer eng auf ihr momentanes Objekt fixiert. Die Enge dieses selbstsüchtigen Verhaltens ist das Gegenteil von anteilnehmender und verstehender Hingabe.

In seiner Beschreibung der Seelenwelt charakterisiert Rudolf Steiner unter anderem die Gier. In der Seelenwelt herrschen vor allem zwei Grundkräfte, Sympathie und Antipathie. Sympathie ist jene Kraft, «mit der ein Seelengebilde andere anzieht, sich mit ihnen zu verschmelzen sucht, seine Verwandtschaft mit ihnen geltend macht. Antipathie ist dagegen die Kraft, mit der sich Seelengebilde abstoßen, ausschließen, mit der sie ihre Eigenheit behaupten».[15] Nun gibt es Seelengebilde, in denen Sympathie und Antipathie ineinanderwirken. Zu ihnen gehört die Gier. Bei ihr überwiegt die Antipathie die Sympathie. Ein solches Gebilde «zieht andere Seelengebilde vermöge der in ihm waltenden

Sympathie an. Außer dieser Sympathie ist in ihm zugleich Antipathie vorhanden, durch die es in seiner Umgebung Befindliches von sich zurückstößt … Solche Gebilde spielen eine eigensüchtige Rolle im Seelenraum. Sie stoßen vieles um sich her ab und ziehen nur weniges liebevoll an … Durch die Kraft der Sympathie, die in ihnen ist, erscheinen sie als gierig.»[16]

So wird im denkenden Durchdringen des Seelischen deutlich, wie in der Gier verschiedene gebärdenhafte Tendenzen wirken: ein enges Hindrängen zum Objekt, um dieses an sich zu ziehen und in sich aufzusaugen; ein antipathisches Sich-Absondern gegen die übrige Umwelt; d. h. die Bildung eines eigenen Innenraumes, in den das, was durch die Sympathie angezogen wurde, aufgenommen wird, um an ihm Befriedigung zu empfinden.

Man gewinnt ein differenziertes Bild eines Seelenvorganges. Und dieses Bild entspricht ziemlich genau den Formen des Aronstabes. Allerdings besteht ein wesentlicher Unterschied. Die innere bildhafte Anschauung von Gier ist dynamisch, voller Bewegung und ganz im Prozess. Im Aronstab ist dieses bewegliche Bild in einer äußeren stofflichen Form geronnen. Diese trägt aber alle Züge von Gier. Sie drängt oben intensiv nach außen. Sie bildet einen sich verengenden Trichter, in den durch den vom Kolben ausströmenden Geruch die Insekten hereingesogen werden. Dann wird Angesogenes in einen Eigenraum hineingenommen, um dort der Bestäubung zu dienen. Die Abgrenzung des Eigenraumes bildet die Unterseite der Spatha mit abweisender Geste.

Die Gebärde der Gier manifestiert sich andeutungsweise auch in den Blättern. Durch ihren nahezu senkrechten Stiel streben sie nicht in die Umgebung hinaus. Sie bleiben gleichsam bei sich. So wird die Blattspreite dem abgedämpften Licht entgegengetragen. Ihre Form erscheint durch die beiden rückwärts gewendeten Lappen stark in sich zentriert. Den Blättern fehlt fast vollständig, was sonst für sie so charakteristisch ist, das Sich-Hingeben an die Umgebung.

Wenn sich im Frühling der Aronstab in der Natur entwickelt, ist das ein Geschehen im Reich des Lebendigen. Was da entsteht, ist aber nicht das Resultat reiner Lebensprozesse. Im Wachstum wirkt auch eine seelenhafte Kraft, die Gier. Sie geht aber in den lebendigen Bildungsprozessen auf. Dadurch entsteht ein Bild von Gier, das den Betrachter so eigentümlich berührt und erst dem physiognomischen Erkennen verständlich wird.

PHYSIOGNOMISCHE METAMORPHOSEN

Krokus – Schwertlilie – Gladiole – Freesie

Wir können bei der Betrachtung des Weltgebäudes in seiner weitesten Ausdehnung, in seiner letzten Teilung uns der Vorstellung nicht erwehren, dass dem Ganzen eine Idee zugrunde liege.»[17] Es bedarf wohl, wie Goethe fortfährt, einer starken Bemühung, um die Kluft von dieser Idee zur konkreten Erfahrung zu überbrücken. Dann gewinnt man aber eine Auffassung der Welt, die die Gegenwart sucht – eine Erkenntnis, die den Gegensatz von Natur und Geist überwindet. Diesem Thema hat Gregory Bateson sein letztes Buch *Geist und Natur. Eine notwendige Einheit*[18] gewidmet. Wie schwer es jedoch dem heutigen Denken fällt, dem westlichen wie dem östlichen, jene Dimension der Welt aufzufinden, in der die Natur vom Geist bestimmt und der Geist verkörpert erscheint, zeigen beispielsweise die Vorträge, die vor wenigen Jahren auf dem Kongress «Geist und Natur» in Hannover gehalten wurden.[19]

Die Idee, die der lebendigen Natur, speziell der Pflanzenwelt, zugrunde liegt, findet man, wenn man das Werden der höheren Pflanzen geistig nachvollzieht. Man geht, wie das des Öfteren geschildert wurde, vom Anschauen der gewordenen Formen dazu über, sie in innerer Tätigkeit nachzubilden. Dabei betritt man jene Dimension, in der die jeweils folgende Bildung dem nachschaffenden Betrachten als Umwandlung der vorangehenden erscheint. Man kommt von dem gewöhnlichen Bewusstsein, das die Pflanze als Gestalt betrachtet, zu einem höheren Anschauen, das sie als ein sich gesetzmäßig metamorphosierendes, d. h. ein zuinnerst lebendiges Wesen erfasst. Im Nachschaffen lauscht man «der Natur das Verfahren ab» (Goethe), nach dem sie die höheren Pflanzen bildet.

Das ist der erste Schritt auf jenem Wege, auf dem man die Natur in ihrem geistigen Schaffen als *natura naturans* kennenlernt. Man erkennt in den Metamorphosen das allgemeine, in allen höheren Pflanzen wirkende Bildungsgesetz, den Typus. Dieser ist von solcher Lebendigkeit, dass Goethe der Auffassung war, aus ihm könne sich «ein die Welt überschattender Baum der Pflanzenkunde ... entwickeln».[20] Man kann in der Tat geistig verfolgen, wie sich der Typus, die Idee der Pflanze, nach verschiedenen Richtungen in den Familien und Gattungen der höheren Pflanzen ausgestaltet. Wir haben an anderer Stelle skizziert,[21] nach welchen Gesetzen der Typus z.B. die Formen der Kreuzblütler oder Doldengewächse annimmt. Auch das sind Metamorphosen, allerdings Metamorphosen höherer Art, weil sich in ihnen das lebendige Pflanzenwesen als Ganzes in besondere Formen ausprägt.

Im Gebiet der Metamorphosen findet man den inneren Zusammenhang der Lebenserscheinungen und erfasst, wie aus einer Idee, dem Typus, die verschiedenen Pflanzenformen hervorgehen. Hier gibt es keinen Gegensatz von Geist und Natur.

Bei jeder Erkenntnismethode muss man fragen, wie weit man mit ihr die Geheimnisse der Welt aufhellen kann. Der goetheanistischen Betrachtungsweise erschließen sich jene Bildegesetze, die den Familien der höheren Pflanzen zugrunde liegen, vielfach auch die der einzelnen Pflanzengattungen und -arten. Sie stößt aber an Grenzen. Wir wollen das an einigen Schwertliliengewächsen verdeutlichen.

Die Pflanzen dieser den Liliengewächsen nahestehenden Familie wachsen vor allem in jenen Bereichen der Erde, in denen die Sonne machtvoller wirkt als in unseren gemäßigten Breiten: in den Tropen und Subtropen. Die innere Beziehung zur Sonne manifestiert sich in leuchtenden und oft großen Blüten. Besonders reich an Schwertliliengewächsen ist Südafrika. Dort findet man viele Gladiolenarten; von dort stammt auch die Freesie. Ein anderes Gebiet mit vielen Schwertliliengewächsen, vor allem mit verschiedenen Formen des Krokus und der Schwertlilie, ist der östliche Mittelmeerraum. In Mitteleuropa sind nur wenige Schwertliliengewächse heimisch: der Krokus (zwei Arten), die Schwertlilie (fünf Arten) und die Siegwurz (Gladiole, zwei Arten).

Besonders eindrucksvoll sind die Unterschiede in der Form der Blüten. Diese Vielgestaltigkeit ist ein Rätsel; denn in ihrem Spross und den Blättern sind die Gattungen einander zum Teil recht ähnlich. In ihren Blüten weichen Schwertlilie und Gladiole stark voneinander ab, nicht aber in ihrem grünen Spross mit den schwertförmigen Blättern. Mit der goetheanistischen Betrachtungsart findet man keinen inneren Zusammenhang zwischen den Blütenformen des Krokus, der Schwertlilie, der Gladiole, der Freesie und denen anderer Gattungen wie Chasmanthe, Geissorrhiza oder Watsonia. Man kann die Beziehung der Formen zueinander schildern und Formenreihen aufstellen, ist aber nicht in der Lage, das Gesetz anzugeben, das hier wirkt. Der Botaniker weist auf gemeinsame Merkmale hin, auf den unterständigen Fruchtknoten und die drei Staubgefäße. So kann man bemerken, dass im Ganzen der Blütenbildung die Staubgefäße (nur drei statt sechs wie bei den verwandten Lilien- und Narzissengewächsen) und der Fruchtknoten (durch seine Stellung unterhalb der Blüte) zurücktreten

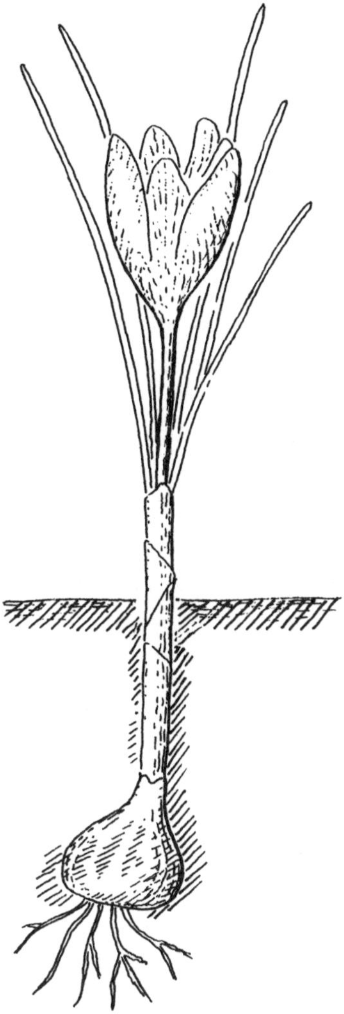

Krokus (Crocus sativus).

und die Blütenkrone zum gewichtigsten Organ wird. Damit wird der Formenreichtum der Blüten aber noch nicht verständlich. Um diesen und die ganze Gestaltung der Schwertliliengewächse zu verstehen, muss man von der goetheanistischen zur physiognomischen Erkenntnismethode übergehen. Auch sie führt, wie wir sehen werden, zu Metamorphosen.

Wir wollen uns nun den bekanntesten unter den Schwertliliengewächsen zuwenden, dem Krokus, der Schwertlilie, der Gladiole (Siegwurz) und der Freesie. Sie alle haben einen starken, charakteristischen physiognomischen Ausdruck. Ihn werden wir zunächst beschreiben, um eine sichere Grundlage für die weiteren Schritte unserer Betrachtung zu gewinnen. Mit dem Krokus haben wir uns bereits in einem der vorangehenden Kapitel befasst. Was sich uns dort ergeben hat, können wir aufgreifen, um es dem neuen Thema, der Frage nach dem inneren Zusammenhang dieser vier Pflanzenformen, einzufügen.

Der Krokus ist das früheste unter den Schwertliliengewächsen. Der gelborange *Crocus flavus* und der tief gelbe oder orangefarbene *Crocus chrysanthus* blühen in Griechenland und Kleinasien schon im Januar und Februar, der Weiße Krokus *(Crocus albiflorus)* im März und April, wenn auf den Bergwiesen der Alpen der Schnee gerade geschmolzen ist. So ist der Krokus in seiner ganzen Bildung auch sehr verhalten. Sein Spross ist weitgehend in einer Knolle aufgestaut. Die Blätter sprießen aus dem Dunkel des Erdreichs hervor. Sie sind ungewöhnlich schmal und breiten sich nicht in das Licht und die umgebende Luft aus.

Auch die Blüte strebt eng zum Licht empor. Hier weitet sie sich mit ihren sechs Blütenblättern in der Gebärde eines tiefen inneren Verlangens, das nach oben, d. h. in die Ferne, gerichtet ist.

Deutsche Schwertlilie (Iris germanica).
Teil des Rhizoms mit grünem Spross und Blütenstand
(aus Troll, Praktische Einführung in die Pflanzenmorphologie).

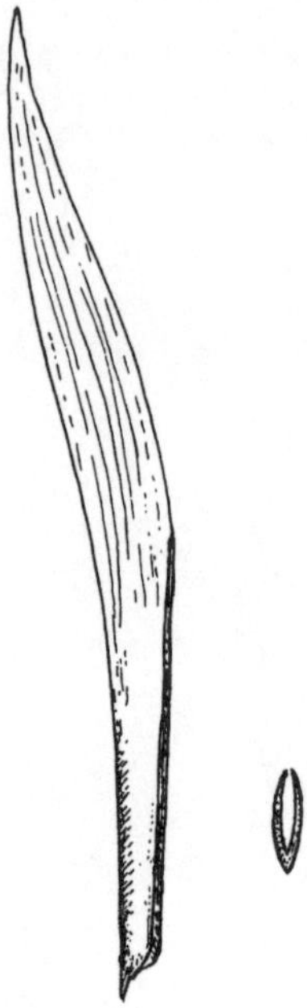

Blatt einer Deutschen Schwertlilie. In der unteren Hälfte sieht man die Aufteilung des Blattes in die eng aneinanderliegende linke und rechte Blattspreite. Daneben ein Querschnitt durch die untere Blatthälfte.

Als Pflanzenform des Frühsommers entfaltet sich die Schwertlilie viel stärker. Mit ihrem horizontal am Boden wachsenden Rhizom, einem Teil ihres Sprosssystems, ist sie aber noch stark an die Erde gefesselt. Hier entspringen die grünen Sprosse. Sie wachsen oft intensiv in die Höhe wie z.B. bei der Sumpf-Schwertlilie *(Iris pseudacorus;* s. Farbabb. 12), die im Mai und Juni an Wassergräben, an Seen und in Sümpfen leuchtend gelb blüht.

Recht rätselvoll ist die Form der Blätter. Ihnen fehlt die Hingabe an das Licht, die sonst für Blätter charakteristisch ist; sie wenden sich nicht mit ihrer Fläche, sondern mit einer schmalen Kante der Sonne zu. Am Grund teilen sich die Blätter in eine rechte und linke Spreitenhälfte und umschließen als Blattscheide den Stängel des Blütentriebes. Die inneren Flächen dieser Blattscheide entsprechen der

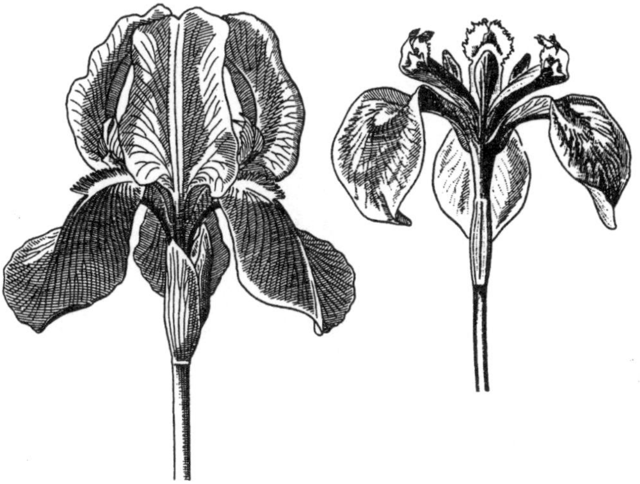

Blüte der Deutschen Schwertlilie (links) und der Sumpf-Schwertlilie (rechts; beide aus Troll, Praktische Einführung in die Pflanzenmorphologie).

Blattoberseite eines Tulpen- oder Lilienblattes, die nach außen gerichteten Flächen der Blattunterseite. Die inneren Flächen verwachsen dann miteinander.

Was man am Schwertlilienblatt sieht, entspricht deshalb nur der Blattunterseite. Die Schwertlilie sondert sich in der Bildung ihrer Blätter gleichsam vom Licht ab und stellt sich mit den Blattunterseiten in den Licht- und Luftraum hinein.

Besonders eindrucksvoll ist der physiognomische Ausdruck der Blüten, vor allem bei der Deutschen Schwertlilie *(Iris germanica;* s. Farbabb. 13) unserer Gärten. Unmittelbar über dem Fruchtknoten sind die Blütenblätter zu einer engen Röhre verwachsen. Die drei inneren Blütenblätter wölben sich dann oben zusammen und bilden gemeinsam einen Innenraum. Aus diesem dringen drei eigenartige Bil-

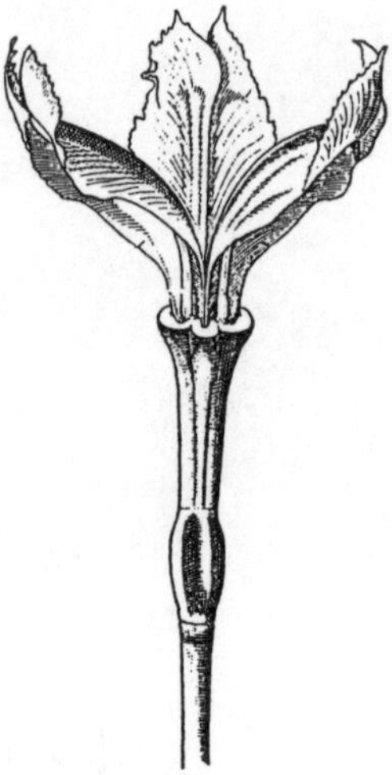

Die drei blütenblattartigen Griffeläste einer Deutschen Schwertlilie nach Entfernung der inneren und äußeren Blütenblätter (aus Troll, Praktische Einführung in die Pflanzenmorphologie).

dungen wie drei Lippenblüten nach außen. Die drei äußeren Blütenblätter wenden sich nicht wie sonst nach oben, sondern nach unten. Die Blüte öffnet sich nicht nach oben zum Licht; sie wendet sich zu ihrer Umgebung. Zum Zentrum hin werden die äußeren Blütenblätter schmäler. Zusammen mit den blütenblattartig gewordenen Griffelästen, den sogenannten Stylodien, bilden sie einen Schlund.

Der gelb blühenden Sumpf-Schwertlilie fehlt der Innenraum, der für die blau blühende Deutsche Schwertlilie charakteristisch ist. Bei ihr bleiben die inneren Blütenblätter klein. So herrscht in der Blüte, dem Gelb ihrer Farbe entsprechend, die Hinwendung zum Umkreis.

Der Schlund aus den äußeren Blütenblättern und den Stylodien wird oft durch Farbmuster, kleine Polster oder dunklere Färbung hervorgehoben. Dadurch tritt der auf-

Blüte einer Gladiole (Gladiolus melleri; im Längsschnitt).

saugende Charakter bei manchen Schwertlilien besonders deutlich in Erscheinung.

So ist die Schwertlilie durch das Rhizom in ihrem Spross stark an die Erde gebunden, d. h. an jene Kräfte, die vom Kosmos absondern. Ihren Blättern fehlt bei aller Offenheit gegenüber dem Licht die Hingabe an die Sonne, weil sie sich in ihrer Bildung gegenüber der Umgebung verschließen. Und die Blüten wenden sich meistens aus einem Innenraum mit der Gebärde des Aufnehmenwollens zum Umkreis.

Die Gladiolen blühen im Allgemeinen nach den Schwertlilien, wenn die Sonne mit ihren Kräften die Natur machtvoll durchwirkt. Sie verbinden sich weniger mit der Erde. Der Spross ist am unteren Ende nur zu einer Knolle verdickt und ähnlich wie eine Zwiebel von vertrockneten

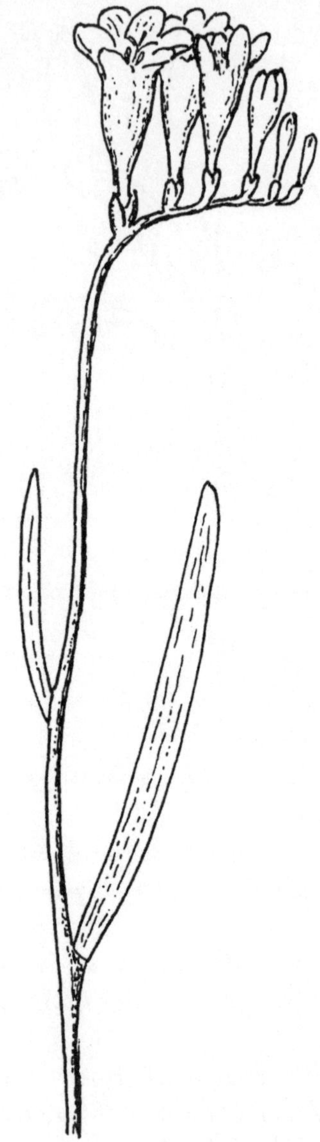

Freesie (Freesia refracta).

Formgebärde der Freesienblüte (Längsschnitt, ohne Griffel und Staubgefäße).

Blattresten umhüllt. Er strebt mit seinen schwertförmigen Blättern schmal nach oben und geht in einen lockeren, ährenförmigen Blütenstand über. Die Blütenknospen bilden sich wie die Blätter in zweizeiliger Anordnung. Wenn sie sich öffnen, wenden sie sich aber alle in die gleiche Richtung. Jede Blüte ist in ihrer Form Ausdruck eines intensiven Sich-Hinwendens zur Umgebung. An ihrem Grund ist sie eng und nach oben gerichtet. Dann wendet sie sich immer mehr zur Seite und wird immer weiter. Schließlich haben die sechs Blütenblätter bei vielen Gladiolen die Gebärde offener Zuwendung (s. Farbabb. 14). – Bei der Schwertlilie ist die Hinwendung zur Umgebung verhalten und allseitig; bei der Gladiole ergreift sie machtvoll die ganze Blütenbildung und den ganzen Blütenstand.

Bei der Freesie wächst der Spross wie bei der Gladiole aus einer Knolle in die Höhe, wendet sich dann aber zur Seite. Das aufwärts strebende Wachstum wird im Blütenstand gleichsam zurückgenommen. Von hier wachsen die Blüten der Sonne entgegen. Zunächst streben sie wie der Krokus eng nach oben. Dann weitet sich ihr Innenraum, wie wenn die Pflanze die Kräfte des Lichtes tief in sich aufnehmen wollte. Und schließlich wendet sich die Blüte mit ihren sechs Blütenblättern innig der Sonne zu (s. Farbabb. 15).

Nach einem Wort von Novalis ist das «Äußere … ein in den Geheimniszustand gehobenes Innres».[22] In Krokus, Schwertlilie, Gladiole und Freesie erscheint Seelenhaftes im Gewande des pflanzlichen Lebens. Deshalb ist das Innere, das Seelenhafte, verhüllt. Wir können es zunächst nicht bewusst erfassen, weil wir durch die sinnliche Anschauung nur seiner physiognomischen Manifestation begegnen. Um dieses Innere unmittelbar kennenzulernen, wird, wie wir in den vorangehenden Betrachtungen begründet haben, ein höheres Anschauen gefordert, das durch den Schleier des Äußeren dringt. Man muss mit jenen Kräften anschauen, die dem Seelenhaften in den vier Schwertliliengewächsen entsprechen. Das sind bestimmte Regungen der eigenen Seele. Wenn wir sie mit dem Licht des Bewusstseins durchdringen, werden sie zum Organ der Weltbetrachtung.

Welche Bereiche der Seele muss man durchdringen, um bewusst zu erfassen, was sich in Krokus, Schwertlilie, Gladiole und Freesie physiognomisch darlebt? Hier können wir an die frühere Darstellung anknüpfen. Dort wurde die Beziehung zwischen Sehnsucht und Krokus geschildert. In der Sehnsucht erlebt der Mensch, dass ihm in der Tiefe seiner Seele etwas fehlt. Gerade in den tiefsten Regungen des Sehnens weiß man oft nicht, was man entbehrt. Man findet es nicht im Bereich des äußeren Lebens, und doch fühlt sich die Seele im Sehnen zu ihm hingezogen. So geht das Sehnen in eine oft ungewisse Ferne. Es ist von innerem Schmerz, der aus dem Gefühl des Entbehrens stammt, durchsetzt. In diesem Schmerz zieht sich die Seele zusammen und wendet sich, einsam geworden, vom äußeren Leben ab, weil dieses nicht enthält, was sie sucht. Diese inneren Gebärden und Bewegungen – das einsame Eigendasein, aus dem sich das Innere, durch Schmerz verengt, zu einem Fernen hingezogen fühlt und sich ihm in sehnsüchtigem Verlangen zuwendet – sind es, die uns in der Gestalt des Krokus entgegentreten. Der Krokus ist Manifestation von Sehnsucht im Pflanzenleben.

Zu welcher Seeleneigenschaft kommt man, wenn das, was im Sehnen aus dem verborgenen Inneren entspringt, sich nach außen zur Umgebung wendet und nun dort sucht, was Befriedigung und Erfüllung bringt? Man kommt zur Seelenkraft des Wunsches.[23] Wünsche entfalten sich an den Erfahrungen, die die Seele in ihrem Lebensumkreis macht. Eine Wahrnehmung oder Begegnung löst z.B. ein tiefes sympathisches Erleben aus. Hieraus kann der Wunsch entstehen, das Gleiche oder Ähnliches erneut zu erleben. Dann steigt der Wunsch im Innenraum der Seele auf. Er wendet sich der Umgebung zu, um aus ihr zu erhalten, was das Bedürfnis befriedigt. Diese Zuwendung zur Welt ist nicht selbstlos; sie hat einen selbstsüchtigen Charakter. Das ist nicht nur bei den alltäglichen Wünschen, die sich auf diesen oder jenen Gegenstand richten, der Fall; auch wenn man sich wünscht, die eigenen Kräfte und Fähigkeiten mögen wachsen und reifen, ist man zumeist auf sich bezogen. Dem Wunsch fehlt die reine, selbstlose Hingabe.

Diese Seelengebärde des Wunsches findet man als äußeres Bild vor allem in der Blüte der Schwertlilie: den in sich lebenden Seelenraum in jenem Innenraum, den die drei inneren Blütenblätter bilden; die offene Zuwendung zur Umgebung in den drei äußeren Blütenblättern; das Bedürfnis, für sich etwas aus der Umgebung zu gewinnen, in dem Schlund aus den äußeren Blütenblättern und den Stylodien.

In den blauen Blüten der Deutschen Schwertlilie mit

dem aus den inneren Blütenblättern gebildeten Innenraum manifestiert sich ein mehr innerliches Wünschen; in den gelben Blüten der Sumpf-Schwertlilie jenes Wünschen, das auf Äußeres gerichtet ist. Die eigentümliche Verbindung von Hinwendung zur Umgebung und selbstbezogenem Eigenleben, die den Wunsch charakterisiert, kommt auch in den Blättern zum Ausdruck, die sich ohne Hingabe in die Umgebung hinstellen.

Wünsche leben im Innern der Seele, auch wenn das, was ihnen Erfüllung bringt, von außen kommt. Der Wunsch kann sich aber stark nach außen wenden. Dann verwandelt er sich in das Erwarten. Man wünscht, einem Menschen zu begegnen. Wenn der Zeitpunkt der Begegnung näherrückt, richtet sich die Seele im Erwarten in jene Richtung, aus der der betreffende Mensch kommen wird. Das Innere strömt ihm entgegen; es weitet sich zur offenen Hinwendung. Erwartung ist hier nicht jene nüchterne Einstellung, die aus Erwägungen damit rechnet, dass ein bestimmtes Ereignis eintreten wird. Sie ist von der Wärme des Wunsches durchglüht und schlägt in Enttäuschung um, wenn das Erwartete nicht eintritt. Denn im Erwarten möchte der Mensch etwas erleben, was für ihn persönlich von Bedeutung ist.

Diese Metamorphose des Wunsches in das Erwarten lebt in der Physiognomie der blühenden Gladiole, die in ihrer ganzen Form eine Nähe zur Schwertlilie, der Manifestation des Wunsches, hat, sich in ihrem Blühen aber entschieden nach einer Richtung wendet. In jeder Blüte kommt zum Ausdruck, wie das Innere zur Umgebung hin immer weiter wird.

Einem Höheren wendet sich die Seele vor allem in der Verehrung zu. Verehren ist inneres Aufschauen aus dem Bewusstsein, dass man weit unter dem steht, dem man sich zuwendet. Im Erleben des Höheren weicht alle Selbstbetonung. Nur indem man sich selbst zurücknimmt, kann man sich verehrend nach oben wenden. So schreibt Philipp Lersch: «Die Gebärde der Verehrung ist die des Sich-Neigens und des Aufschauens.»[24] Verehrung ist durchwirkt von der Stimmung der Demut. In der Verehrung lebt aber auch eine tiefe Sehnsucht, nämlich dem Höheren, zu dem man aufschaut, selbst einmal näherzukommen. Aus dieser Sehnsucht nimmt die Seele das, was sie verehrt, tief in ihr Inneres auf. Sie fühlt sich im inneren Aufschauen von dem Höheren belebt. Verehrung ist wie eine Sehnsucht, die ihre Erfüllung findet. In gewissem Sinne kann man in der Verehrung auch eine Metamorphose des Erwartens sehen. Indem sich die Seele nicht mehr zur Umgebung, sondern nach oben wendet, wird das selbstbezogene Eigenleben überwunden. Es entsteht selbstlose, innere Hingabe.

Das alles tritt demjenigen, der das Gefühl der Verehrung kennenlernt, in der Freesie von außen entgegen. Ihr Blütenstand, der sich in die Horizontale neigt, und die Blüten, die sich nach oben wenden, zunächst eng, dann aber weiter werdend bis zur Gebärde empfangender Hingabe, sind der physiognomische Ausdruck des Verehrens.

Sehnsucht, Wunsch, Erwarten und Verehrung sind miteinander verwandt. Man bemerkt, dass es auch in der Seele Metamorphosen gibt. Wenn man im Wunsch eine Metamorphose der Sehnsucht, im Erwarten eine solche des Wunsches erfasst und begreift, dass selbst Sehnsucht und Verehrung in enger Beziehung zueinander stehen, dann lernt man den inneren Lebenszusammenhang der Seele kennen. Metamorphosen sind offensichtlich auch in der Seele inneres Lebensprinzip. Für den, der diese Metamorphosen nicht kennt, zerfällt die Seele in eine Summe einzelner Eigenschaften.

Das Studium solcher Metamorphosen vertieft das Verständnis der Natur. Es erschließt Bereiche, die jeder anderen Betrachtung verschlossen bleiben; z.B. eben den Zusammenhang der Schwertliliengewächse untereinander.

Damit wird eine neue Dimension der Natur sichtbar. Für das Bewusstsein unserer Zeit sind die Verwandtschaftsverhältnisse unter den Pflanzen und die inneren Lebenszusammenhänge der Seele zwei weit auseinanderliegende Gebiete. Lernt man in Pflanzen die physiognomische Manifestation eines objektiven Seelischen erkennen und den inneren Zusammenhang dieser verschiedenen Manifestationen, dann verschwindet der Gegensatz von Natur und Seelenleben. Man kommt zu der Gewissheit, dass es auch in der Natur ein verborgenes Seelenleben gibt. Im physiognomischen Ausdruck der Pflanzenwelt wird es sichtbar. Es manifestiert sich in einem fortwährenden Aufleben und Vergehen der Seelenäußerungen und gleicht darin dem Antlitz des Menschen. In seinem Mienenspiel begegnet man dem von außen, was der Mensch innerlich in seiner Seele an immer neuen Erlebnissen durchlebt. Was man zunächst unbestimmt als Seelenhaftes in den Formen und Farben der Pflanze erlebt, ist ein Mienenspiel. Lernt man seine Äußerungen verstehen, dann erfasst man: Nicht nur im Menschen, auch in der Natur lebt Seele. Und «die Miene der Natur ist die Pflanzenwelt».[25]

DIE NELKE

Wer die Formen einer Pflanze eingehend betrachtet, indem er in dem Gewordenen den geronnenen Ausdruck des vorangegangenen Werdens sucht, wird entdecken, dass sich in ihnen ein gemeinsames Bildungsgesetz ausspricht. Die heute weit verbreitete Ansicht, die Formen der verschiedenen Organe seien ein Konglomerat einzelner Merkmale ohne inneren Zusammenhang, kennt nur die äußere Erscheinung und hält diese bereits für die Wirklichkeit. Sie schreitet nicht im Sinne Goethes von der Gestalt der Pflanze zum Erfassen ihrer Bildung fort.

Die Pflanze ist immer ein Organismus, wenn auch in etwas anderer Weise als das Tier. Ihre Glieder stehen zueinander in einem inneren Zusammenhang. Die folgenden Blätter entstehen durch stärkere oder schwächere Verwandlung jenes Bildungsprozesses, der in den vorangehenden Blättern tätig war. In der Blütenkrone ist das gestaltende Leben, das den Spross gebildet hat, tiefgreifend metamorphosiert. Was als die Folge verschiedener Organe erscheint, ist Resultat eines sich wandelnden Gestaltungsprozesses. Wenn man bei einer Pflanze nur das Nebeneinander und Nacheinander betrachtet, kennt man noch nicht, was für einen Organismus das Charakteristische ist: den ganzheitlichen Zusammenhang und die wechselseitigen Beziehungen, die die verschiedenen Bildungen untereinander verbindet. Diesen lebendigen inneren Zusammenhang muss berücksichtigen, wer Pflanzen verstehen will. Wenn nämlich ein bestimmter Bildungsprozess besonders intensiv wird, dann wirkt er modifizierend in alle übrigen Bildungsprozesse hinein. Dadurch erhält die ganze Pflanze ein spezifisches Gepräge, das uns als ihr Bildungsgesetz entgegentritt.

Im Spross vereinigen sich zwei recht gegensätzliche Bildungen. In den Blättern weitet sich das bildende Leben zur Umgebung. In der Blattspreite durchdringt es sich mit der Luft und ihren auflösend-ausdehnenden Kräften. So wird die fiedernervige Struktur der Blattfläche ein Ausdruck dieser Kräfte. Und wie die Luft von der Sonne durchstrahlt wird, so gibt sich das Blatt an das Licht hin. Im Stängel führt das Leben in die Verdichtung. Während sich die Blätter im Allgemeinen aus der Verbindung mit dem Licht bilden, streckt sich der Stängel vor allem in der Nacht, also dann, wenn die Sonnenwirkung erloschen ist. In diesem Streckungswachstum kommen vor allem die von der Erde ausstrahlenden Wirkungen zur Geltung: die verdichtende, statische Festigkeit gebende Gravitationskraft und das aus der Wurzel aufsteigende Wasser mit den gelösten Salzen.

So entsteht der Spross in einem fortwährenden Rhythmus von verdichtender Konzentration durch die Kräfte der Erde und sich weitender Hingabe an die Sonne. Diese gegensätzlichen Bildungen sind aber vielfältig miteinander verflochten. So hat auch der Stängel durch seine grüne Farbe eine Beziehung zur Sonne. Und die verdichtenden Kräfte bilden im Blatt den Stiel und setzen sich in den Blattadern bis in die Blattfläche hinein fort.

Blatt- und Stängelbildung können in einem ausgewogenen Verhältnis zueinander stehen. Der Rhythmus der Entwicklung verläuft dann in schöner Harmonie wie bei vielen unserer Kräuter. Es kann aber auch zur Disharmonie kommen, indem die Blatt- oder die Stängelbildung das Übergewicht erhält. Im einen Fall wird der Stängel nicht fest und wie bei den windenden und rankenden Pflanzen von den

Karthäuser-Nelke (Dianthus carthusianorum).

Blättern beherrscht – von ihrer spiraligen Bildungstendenz oder ihrer Rankenbildung. Im anderen Fall durchdringt die Stängelbildung das Blatt so stark, dass sich die Blattfläche wie in den gefiederten Blättern in eine Anzahl von kleinen Blättchen auflöst. Es kann aber auch die zentrierende Wirksamkeit des Stängels in der ganzen Pflanzenbildung zum beherrschenden Bildungsprinzip werden. Das ist unter den Kräutern bei den Nelken der Fall.

Die auffälligste unserer Nelken ist die Prachtnelke *(Dianthus superbus),* die bekannteste und schönste die Karthäuser-Nelke *(Dianthus carthusianorum).* Man findet sie zwischen Juni und August dort, wo die sommerliche Sonne mit ihrem Licht und ihrer Wärme die Natur intensiv durchwirkt: auf trockenen Heideflächen, an Grashängen und Felsen, an Ackerrändern, aber auch in lichten, trockenen Wäldern.

Die gesteigerte Stängelbildung manifestiert sich in der Festigkeit des Stängels und der Länge seiner Internodien. Die verdichtenden Kräfte wirken hier stärker als bei den anderen Kräutern. Durch sie entsteht ein Ring aus verholzten Zellen, der dem ganzen Stängel den steifen Charakter verleiht. Sie bestimmen auch die Bildung der Blätter. So entsteht kein Stiel, der die Blattfläche in die Umgebung hinausträgt und sie sich dort zur Hingabe an die Sonne ausbreiten lässt. Die Blattspreiten sind ganz an den Stängel gefesselt. Die flächige Ausweitung ist durch die verdichtenden Kräfte weitgehend unterdrückt. Die schmalen dichten Blätter umschließen immer zu zweit den Stängel und lösen sich nur wenig von dessen vertikaler Richtung. Es sind Blätter, die fast ganz auf die lineare Tendenz des Stängels reduziert sind.

Die starke Dominanz der zentralen Sprossachse führt im Blütenstand zu einer Hemmung der seitlichen Blütentriebe. Auch nach oben ist die Hingabe zum Umkreis weitgehend

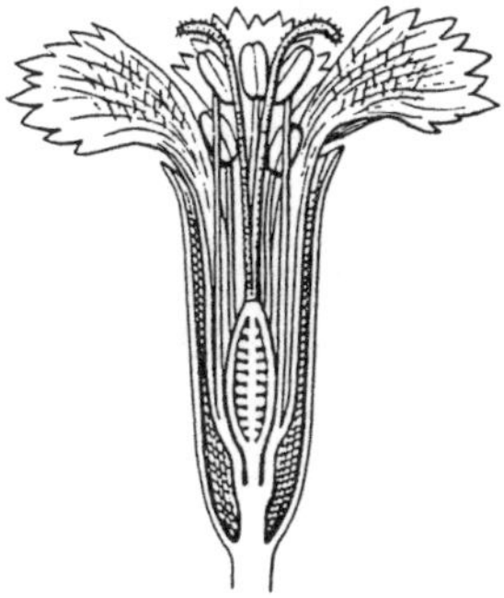

Längsschnitt durch die Blüte einer Karthäuser-Nelke (aus Graf, Tafelwerk zur Pflanzensystematik).

gehemmt. So entsteht eine ziemlich dichte Zusammenballung der Blüten (s. Farbabb. 16).

Die Bildungstendenz des Stängels, das Sich-Zentrieren und Sich-Absondern gegenüber der Umgebung, ergreift auch die Blütenbildung. Der Kelch schließt sich zu einer schmalen langen Röhre zusammen. Aus ihr brechen fünf rote Blütenblätter hervor. Im Inneren der Kelchröhre sind sie bleich und durch die verengenden Bildekräfte auffallend schmal. Sie weiten sich erst oberhalb der Kelchröhre. Dort wenden sie sich dann mehr zum Umkreis hin als zur Höhe. In ihrer gezähnten Peripherie kommt die Beziehung zur Umgebung besonders schön zum Ausdruck. So fehlt der Nelke sogar in der Blüte die Hingabe an die Sonne.

Wenn man die Kelchröhre öffnet, entdeckt man, dass die Stängelbildung nicht wie sonst im Entstehen des Kelches erlöscht, sondern sich in das Innere der Blüte fortsetzt. Der Stängel ist bis in die Blüte eine zentrierende und verengende Mitte.

Das alles bestimmt den Eindruck, den Nelken auf uns machen. Man empfindet eine starke Betonung des Eigenseins und wenig Hingabe an die Umgebung. Man erfasst aber nicht deutlich, was sich in dieser Formgebärde ausspricht.

Nach einer Bemerkung von Rudolf Steiner handelt es sich um den Ausdruck von Koketterie.[26] Wie ist das zu verstehen? Koketterie gehört zu jenen Regungen der Seele, die stark von Eigenliebe durchsetzt sind. Philipp Lersch zählt sie zusammen mit der Eitelkeit, der Selbstgefälligkeit und der Selbstbespiegelung zum narzisstischen Selbstwertgefühl. Eigenliebe ist eine der mächtigsten Triebfedern des Seelenlebens. Oft ist sie durch moralische und religiöse Orientierung des Seelenlebens gedämpft. Sie kann aber auch stark hervortreten wie in den genannten Gefühlen.

In der Koketterie sucht der Mensch den Kontakt, um Beachtung, Interesse oder Anteilnahme zu erregen. Das geschieht auf recht unterschiedliche Weise – durch die Kleidung, durch die Haltung, die Art des Sich-Bewegens, durch ein paar hingeworfene Worte, durch den Blick. Immer lebt in diesen Äußerungen eine Nuance des Verlockens und des Selbstgefallens. Wenn die Signale ihre Wirkung tun und der andere sich zuwendet oder sogar Zuneigung empfindet, dann beginnt jenes Spiel, in dem das Interesse des andern immer wieder neu provoziert wird. Die Zuneigung des andern wird gesucht, aber nicht erwidert; man bewahrt Distanz. Denn es geht in der Koketterie nicht um eine echte Beziehung, sondern um die Steigerung des Selbstgefühls. Man erregt die Zuwendung des anderen Menschen, um an ihr den Genuss der Eigenliebe zu kultivieren. Man provoziert die Zuwendung, um sich selbstsüchtig auf sich zurückzuziehen. Diesen Seelenvorgang kann man in Bildern wiedergeben.

Das harmonische Zusammenspiel von Selbstsein und Hingabe an die Umgebung im Leben der Seele kommt

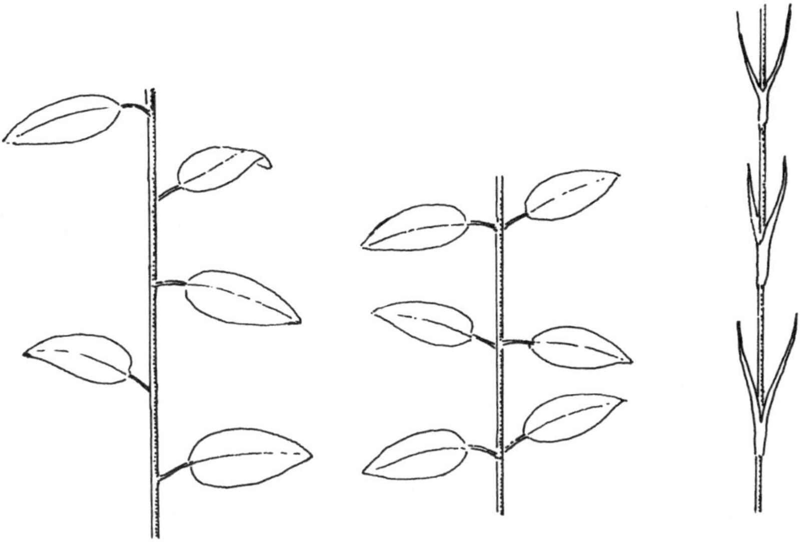

in der linken Zeichnung zum Ausdruck. In der mittleren Zeichnung ist die Hingabe zur Umgebung nicht mehr so vielseitig, und der Ausdruck des Selbstseins ist stärker als auf dem linken Bild. Bei der rechten Zeichnung beginnt eine schwache Hinwendung zur Umgebung, die sich sofort zurücknimmt und sich auf sich selbst bezieht. Dem entspricht die starke Verengung, in der die Gebärde der Hingabe gleichsam egozentrisch verengt ist. Das ist verbunden mit einer Steigerung des Selbstseins in der Verlängerung des durchgehenden Zentrums. So erscheint der Spross der Nelke als Bild der Koketterie.

Und die Blüte? Bei vielen Pflanzen ist die Blüte mit ihrer weit geöffneten Krone ein Bild innerer Hingabe an die Sonne. In der Nelkenblüte findet man, wie wir gesehen haben, eine ganz andere Gebärde – ein Auf-sich-selbst-Zentriertsein (in der engen Kelchröhre, in der sich der Stängel fortsetzt), aus dem eine selbstbezogene Hinwendung zur Umgebung (in den schmalen, dann sich weitenden Blütenblättern) herausdrängt.

Hat man die gebärdenhaften Bewegungen der Seele in der Koketterie bewusst durchlebt und sie dabei kennengelernt, dann findet man die gleichen Gebärden in der Nelke wieder. Nur sind sie hier in einer lebendigen Form geronnen. Man kann nun verfolgen, wie sich die Koketterie in den verschiedenen Nelken mit unterschiedlichen Nuancierungen manifestiert. Am stärksten tritt die Gebärde der aufreizenden Selbstsucht in der Prachtnelke in Erscheinung. Die Prachtnelke wird größer als ihre Verwandten. Die einzelnen Blüten treten gegenüber dem Blütenstand in den Vordergrund. Und diesen Blüten fehlt jede Andeutung von Hingabe; sie gehen durch die ausgefransten Blütenblätter ganz in der Geste einer verlockenden Hinwendung zur Umgebung auf.

WICKEN UND PLATTERBSEN

Das Charakteristische eines Wesens tritt durch den Vergleich mit anderen deutlich hervor, besonders wenn diese in vielem abweichender oder gar gegensätzlicher Natur sind. Das gilt auch für die Pflanzen, ihre Bildung und ihre physiognomische Eigenart. So ist es für die Erarbeitung einer physiognomischen Pflanzenkunde nicht unwichtig, den Blick für solche Gegensätze zu schärfen.

Man findet in der Natur Kräuter, die wie ein Gegenbild der Nelken sind. Ihr Stängel ist schwach und oft außerstande, sich selbst zu halten. Die Blätter begeben sich intensiv in den Umkreis und suchen mit Ranken Halt an den Stängeln und Blättern anderer Pflanzen. Und die Blüten wenden sich an den Blütenständen so zur Umgebung, als wollten sie wegfliegen. Der Eindruck ist offen, leicht und heiter. Die Pflanzen, die wir im Auge haben, sind die Wicken und Platterbsen. Sie gehören zu der großen Pflanzenfamilie der Schmetterlingsblütler *(Fabaceen),* die ihren Namen von einigen der genannten Eigenschaften erhalten hat. Es gibt unter den Schmetterlingsblütlern auch Pflanzen mit einem strengeren Charakter wie die Lupine, solche, deren Sprossen die Hingabe an die Umgebung fehlt, wie dem Besenginster, oder andere, die durch den warmen, trockenen Standort gedrungen sind, wie die Hauhechel, und mit ihren Dornen abweisend wirken. Viel offener sind der Hornklee, die Kronwicke, der Steinklee oder die Esparsette. Am weitesten in dieser Richtung aber gehen die Wicken und die den Wicken nahestehenden Platterbsen.

Sprossstück einer Zottigen Wicke
(Vicia villosa, aus Hegi, Illustrierte Flora von Mitteleuropa, 4. Band, 3. Teil).

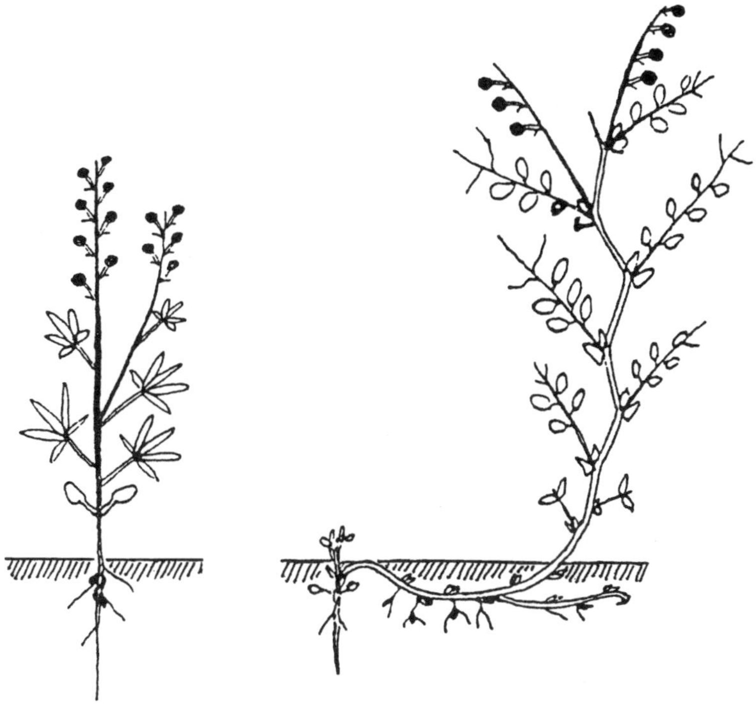

Schematische Darstellung eines einachsigen (links) und vierachsigen Schmetterlingsblütlers (rechts; aus Hegi, a.a.O.)

Wenn man die Entwicklung der Wicken und Platterbsen verfolgt, bemerkt man, dass die aus der Erde unmittelbar nach oben drängende Entfaltung stark abgedämpft ist. Die Primärachse wächst nur wenig heran. Aus den Achseln ihrer einfachen Blätter gehen Seitentriebe hervor. Und erst an diesen entspringen die aufsteigenden Sprosse der Wicken und Platterbsen. Die Pflanzenbildung wendet sich von Anfang an stark zur Umgebung.

Mit dem Primärspross ist auch die verdichtende Wirkung der Gravitation abgeschwächt. Indem die zentrierenden Kräfte zurücktreten, steigert sich die Beziehung zur Umgebung. So löst sich die Blattfläche in eine Anzahl von Fieder-

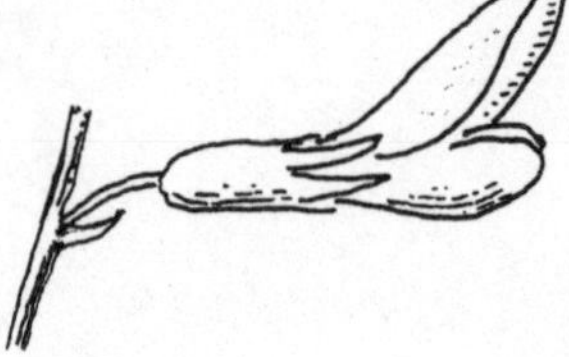

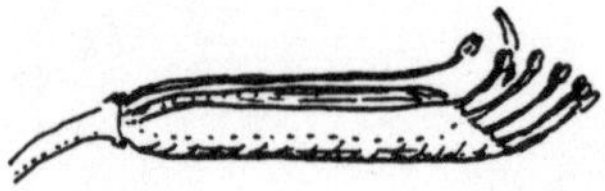

Blüte einer Wickenart (oben) und das den länglichen Fruchtknoten umschließende Futteral der Staubgefäße (unten).

blättchen auf. Und das Hinausdringen endet nicht in einem Fiederblättchen, sondern setzt sich in Ranken weiter fort.

Aus den Achseln dieser Blätter entspringen dann die traubenförmigen Blütenstände (s. Farbabb. 17). Genau genommen sind alle Blütentrauben eines Sprosses Teile eines Blütenstandes. Dieser hat sich durch das leicht aufstrebende Wachstum aber so stark aufgelöst, dass man die Zusammengehörigkeit nicht mehr bemerkt. So findet man im ganzen Spross den Charakter des Lockeren, Offenen und Leichten.

Dazu scheint die Form der Blüten nicht recht zu passen. Die Blüten richten sich wohl zur Umgebung, sind aber doch weitgehend verschlossen. Nur das obere Blütenblatt, die Fahne, wendet sich nach außen. Schon die beiden seitlichen Blütenblätter, die Flügel, umhüllen locker das Innere. Hier sind die zwei unteren Blütenblätter zu dem sogenannten Schiffchen verwachsen, das in sich eine der eigenartigsten Bildungen birgt, die Staubfadenröhre. Das Charakteristische der Staubgefäße ist sonst das zentrifugale Hinausstreben zum Umkreis und das Sich-Auflösen im Blütenstaub. Hier sind nun neun der zehn Staubfäden weitgehend zu einem Futteral verwachsen, das den langgestreckten Fruchtknoten umschließt. Dieser wird von nur einem Fruchtblatt gebildet, das einem gewöhnlichen Blatt dadurch ähnlich ist, dass es einen Stiel hat. Die beiden Ränder dieses Blattes haben sich nach oben zusammengeschlossen.

Die Fruchtknotenbildung ist also in doppelter Weise abgeschwächt. Sie ergreift nur ein einziges Blatt, und dieses steht einem normalen Blatt noch recht nahe. Die Pflanze erreicht die letzte Stufe der Metamorphose nur unvollständig. Sie hebt sich nicht richtig über die vorangehenden Stufen heraus. So kommt es, dass sie diese in ihrer Bildung beeinflusst. Das umhüllende Zusammenschließen ergreift die ganze Blüte: am intensivsten die Staubgefäße, noch ziemlich stark die zwei unteren Blütenblätter des Schiffchens, schwächer die beiden Flügel und am wenigsten die Fahne. Auch die Kelchblätter verwachsen zum Teil zu einer gemeinsamen Röhre.

Die Bildekräfte des Fruchtknotens durchwirken aber nicht nur die Blüte, sondern die gesamte Pflanze. Wenn der Fruchtknoten entsteht, wendet sich das Leben nach innen; es löst sich weitgehend aus seiner Verflechtung mit den äußeren Naturkräften. So bereitet sich das Reifen, das vollständige Selbständigwerden des Lebens vor. Das sind jene Prozesse, die vor allem dem Sich-Hingeben der Pflanze an die verdichtende Wirkung der Gravitation in der Wurzel und ihrem Hineinwirken in den Spross diametral gegenüberstehen. Sie sind es, die in den Wicken den Einfluss der Gravitation auf die Pflanzenbildung zurückdrängen, und zwar so stark, dass sich nicht nur der Primärspross so wenig entwickelt und die seitlichen Triebe unzureichend verhärten, sondern die Wurzeln wie bei vielen anderen Schmetterlingsblütlern sich durch Symbiose mit bestimmten Bakterien der Luft gegenüber aufschließen und Stickstoff in ihren Lebensprozess aufnehmen.

Die Wicken wirken deshalb so leicht, weil die Schwere auf ihre Entwicklung einen so geringen Einfluss gewinnt. Sie sind von Kräften durchdrungen, die sie wie von innen aus dem Wirkensbereich der Schwere herauslösen.

Betrachtet man jetzt, nachdem man in den Bildungszusammenhang eingedrungen ist, erneut die Gestalt der Wicken, bemerkt man: Der erste Eindruck des Leichten und Heiteren hat sich nicht abgeschwächt; er ist konkreter geworden.

Um diesen Eindruck zu klären, wenden wir uns der Heiterkeit zu, um sie ebenso mit Bewusstsein zu durchdringen wie die Formen der Wicken.

Da ist es sinnvoll, sich zunächst den Unterschied der Heiterkeit von einer ihr nahestehenden Seelenregung, der Freude, bewusst zu machen. In der Freude öffnet sich die Seele der Welt und gibt sich an das Positive und Schöne hin. Auch Heiterkeit wird von äußeren Eindrücken erregt. Was sie kennzeichnet, ist aber nicht Hingabe, sondern ein inneres Leben, das vor allem durch Leichtigkeit und innere gelöste Beweglichkeit charakterisiert ist. «Neben dem Zuge des Sonnigen, der Lichthaftigkeit ist es noch derjenige des inneren Auftriebs, des ‹Gehobenseins›, der Leichtigkeit und Befreitheit, der dem Erlebnis der Heiterkeit wesenhaft zugehört.»[27]

Die Heiterkeit gehört nicht zu den Gefühlen, die durch Eindrücke immer wieder neu entfacht werden und die Seele an diesen oder jenen Eindruck binden, sondern zu den mehr bleibenden Stimmungen, in denen die Seele aus innerer Regsamkeit lebt. Dieses innere Leben der Heiterkeit strahlt auf die Umgebung aus. So entstehen vielfältige Be-

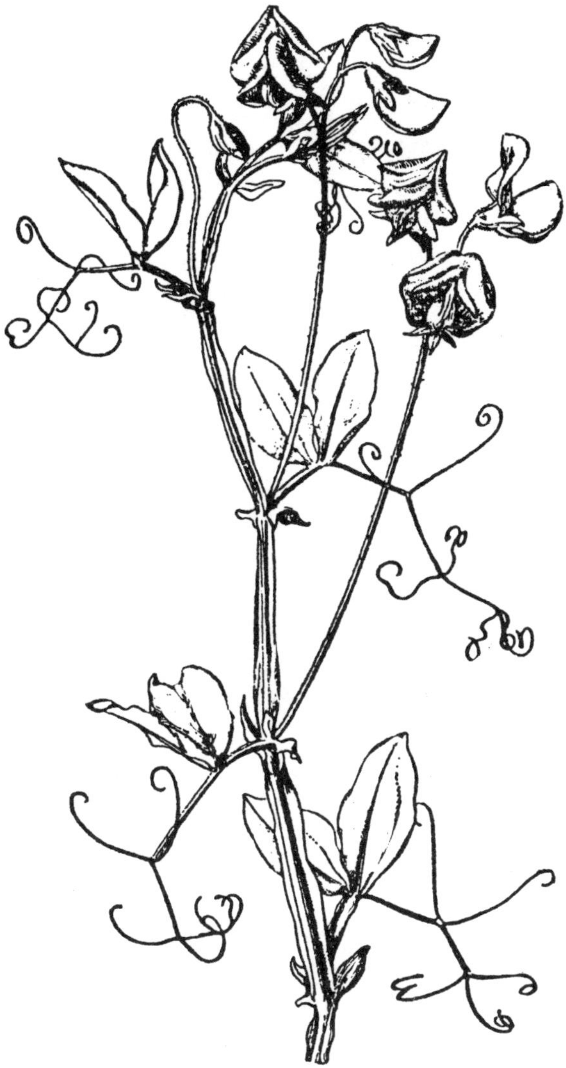

Sprossstück einer Wohlriechenden Platterbse (Lathyrus odoratus; aus Hegi, Illustrierte Flora aus Mitteleuropa, 4. Band, 3. Teil).

ziehungen und Kontakte. Dabei wird Dunkles aufgehellt und Schweres leicht. Das schlechte Wetter verliert seine trübe Stimmung, ein Missgeschick ist nicht gar so misslich, und auch das Schlimme enthält einen positiven Kern. Der inneren Gelöstheit ist alles Verkrampfte und Grüblerische fremd. So gehört Heiterkeit zu den glücklichen Veranlagungen. Durch sie vermag sich der Mensch von dem Schweren und Bedrückenden zu lösen, sich aus der Verengung im Selbsterleben zu befreien und der Welt zuzuwenden.

Damit hängt die Neigung zusammen, besonders in der Gegenwart zu leben. Wenn bei dem unbeschwerten Aufgehen im Gegenwärtigen Wohlgefühl entsteht, tritt die Heiterkeit im Vergnügtsein ein wenig in sich zurück. Hier zeigt sich eine etwas problematische Tendenz: die zum tändelnden Leben und zur Oberflächlichkeit. Dem steht aber eine ebenso positive Seite gegenüber: das Geltenlassen und Wohlwollen.

Will man die Heiterkeit mit wenigen Worten charakterisieren, dann wird man folgende Wesenszüge hervorheben:
– die innere Unbeschwertheit der Seele
– die Tendenz, sich leicht über das Bedrückende zu erheben
– die Neigung, vielfältig mit der Umgebung in Kontakt zu treten, ohne sich an die Dinge innerlich hinzugeben.

Man gewinnt den Eindruck, man habe zugleich auch die Wicken charakterisiert. Die Bewegungen der Seele in der Heiterkeit erscheinen in der Wicke wie in einer äußeren Form geronnen:
– die Unbeschwertheit in den von der Schwere so wenig beeinflussten Sprossen
– das Sich-Erheben über Bedrückungen in dem so leicht aufwärts strebenden Wachsen
– die Neigung zu Kontakten in der Hinwendung der

Sprosse und vor allem der gefiederten Rankenblätter zur Umgebung
– und die innere Regsamkeit, der die Hingabe fehlt, in den Blüten, die sich wohl zur Umgebung wenden, vor allem aber ein reich gegliedertes Inneres haben.

Das alles trifft auch für die Platterbsen zu. Die Platterbsen wirken sogar vielfach noch leichter und offener als die Wicken. Ihr Stängel ist oft geflügelt, d. h. einem Blatt ähnlich. In den Blättern treten die Ranken gegenüber den Fiederblättchen noch stärker in den Vordergrund. Vor allem sind die Blüten größer und mit ihrer Fahne stärker zur Umgebung gewendet. Dem entsprechen auch die vorherrschenden Farben: gelb, rosa und rot. Die Wohlriechende Wicke, die in den Gärten vielfach am Zaun gezogen wird und den Charakter freundlicher Heiterkeit so deutlich ausspricht, ist eine Platterbse *(Lathyrus odoratus;* s. Farbabb. 18).

Heiterkeit ist eine Regung der Seele mit vielen Nuancen. Sie kann vergnügt und tändelnd ganz in der Beziehung zur Umgebung aufgehen. Es gibt aber auch eine verhaltene Heiterkeit, die nur zum leisen Lächeln führt. Heiterkeit kann mit innerer Abgeklärtheit der Seele, aber auch mit kindlicher Sanguinik gepaart sein. Die stark extrovertierte Heiterkeit tritt uns in den Platterbsen, die verhaltenere in den Wicken entgegen.

Wicken und Platterbsen blühen zwischen März und September, vor allem aber, wenn die Sonne im Juni und Juli am höchsten steht. So durchzieht der Ausdruck von heiterer Seelenstimmung in verschiedenen Schattierungen einen großen Teil des Jahres.

GLOCKENBLUMEN

Die Pflanzen, die wir bisher betrachtet haben, gehören fast alle zur mitteleuropäischen Vegetation und damit zu jenem Bereich der Erde, in dem der Jahresrhythmus das Leben stärker beherrscht als in den übrigen Gebieten. Im Winter sondert sich das Leben in den Knospen und Samenkörnern aus dem Zusammenhang mit dem Kosmos ab. Die Erde ist mit ihren ruhenden Lebenskeimen weitgehend bei sich; nur in dem dauerhaften Grün der Nadelbäume erregt die Sonne an wärmeren Tagen schwache Lebensprozesse. Im Frühling bricht dann das Leben aus dem abgesonderten Dasein hervor. Es öffnet sich wieder neu den Kräften des Umkreises, vor allem der Sonne. Es wächst ihr entgegen. Und im Sommer kommt es dann in der vielfältigsten Form zur Vereinigung mit der Sonne. Schon südlich der mächtigen Alpenbarriere klingt dieser Rhythmus etwas ab; sein Pendelschlag wird einseitig. Die sommerliche Lichtfülle und die Glut der Wärme durchwirken das Pflanzenleben intensiver; es gibt aber keinen richtigen Winter, in dem sich das Leben der Erde aus der Verbindung mit dem Kosmos löst. Im Norden Europas dagegen dehnt sich der winterliche Zustand der Erde über viele Monate aus. Wenn dann das Leben wieder erwacht, kommt es aber nicht zu jener innigen Verbindung mit der Sonne wie in dem reichen sommerlichen Blühen unserer Vegetation.

Im Übergang zum Blühen vollzieht sich in der Pflanze eine wichtige Veränderung in der Beziehung zu den Kräften der Natur, auf die wir in einem der vorangehenden Kapitel bereits hingewiesen haben. Unterhalb des Blütenstandes kann der Stängel Wurzeln treiben, z. B. wenn Pflanzen längere Zeit in einer Vase stehen. Im Stängel wirken also nicht nur die verdichtenden Kräfte der Gravitation, sondern auch die Tendenz, sich durch Wurzelbildung unmittelbar mit den irdischen Kräften zu verbinden. Diese Tendenz erlischt im Übergang zum Blütenstand; die Pflanzenbildung entringt sich etwas den von der Erde ausstrahlenden Kräften. Wenn dann im Entstehen von Kelch und Blütenkrone die Stängelbildung aufhört, befreit sich die Pflanze ganz von diesen Kräften. In der Verwandlung vom Sprießen zum Blühen sind die von der Sonne stammenden Wirkungen des Lichtes und der Wärme von entscheidender Bedeutung. Besonders bei Pflanzen mit vollkommener Blütenbildung ist in unserer Vegetation eine längere tägliche Sonnenwirkung und eine stärkere Durchwärmung als für das sprießende Wachsen erforderlich. So wird die Pflanze in ihren Blüten ganz der Sonne verwandt. Das spricht sich auch physiognomisch aus: in der Gebärde der Hingabe an die Sonne, die für viele Blüten charakteristisch ist.

Diese innige Vereinigung des Pflanzenlebens mit der Sonne ist in den verschiedenen Landschaften der gemäßigten Breiten recht unterschiedlich. Am stärksten ist sie im Gebirge. Hier ist die Erde dem Kosmos näher, und das Leben ist unmittelbarer, ungedämpfter der Sonne ausgesetzt. So tritt in der Pflanzenbildung vielfach der Spross zurück, und die Blüten erhalten in ihren leuchtenden Farben und ihrer Größe ein deutliches Übergewicht. Es gibt Pflanzen, die zu diesem Gebiet einer stark kosmischen Bestimmung des Lebens eine besondere Beziehung haben. Zu ihnen gehören die Glockenblumen *(Campanula)*. Viele Glockenblumenarten sind in den Bergen beheimatet, andere findet man von der Ebene bis in die höheren Regionen des Gebirges.

Rundblättrige Glockenblume (Campanula rotundifolia).

Zu ihnen gehören die Wiesenglockenblume *(Campanula patula)* und die Rundblättrige Glockenblume *(Campanula rotundifolia),* die vom Juni bis zum August auf unseren Wiesen blühen.

Ihr Spross ist auffallend zart. Im Stängel erinnert nichts an die Festigkeit und Steifheit der Nelken. Bei der Rundblättrigen Glockenblume entsteht am Grunde des Sprosses zunächst eine Rosette aus Blättchen mit runder Spreite wie bei verschiedenen anderen Pflanzen. Bei diesen kann man oft eine allmähliche Verwandlung der Blattform beobachten, die schließlich bis zu zarten, schmalen Blättern führt. Beide Glockenblumen erreichen schon in den ersten Blättern über dem Boden diese stark metamorphosierte Form. Die Metamorphose überspringt gleichsam alle Zwischenstufen. Die Pflanze löst sich rascher als sonst aus den Wirkungen des Bodens. Sie hat kaum eine Beziehung zu den irdischen Verdichtungskräften und dem Wasser mit seiner Tendenz zu feucht-quellendem Wachstum. Schon im Spross steht die Pflanzenbildung dem Blühen nahe.

Was uns aber noch stärker berührt als die Zartheit des Sprosses, sind die Blüten an den lockeren Blütenständen. Man wird innerlich still, wenn man die tiefen, blauen Blütenkelche betrachtet. Sie berühren uns in einer Schicht unseres Wesens, die wenig mit dem äußeren spielerischen Wechsel des Lebens zu tun hat. Um das, was sich in diesen Blüten äußert, zu erfassen, wollen wir sie zunächst etwas genauer beschreiben. Sie sind nämlich in mehrfacher Hinsicht ungewöhnlich.

Unter den Blüten ist der Stiel stark verdickt. Der Fruchtknoten befindet sich nämlich nicht im Inneren der Blüte, sondern unter ihr. Er ist in den obersten Teil des Blütenstiels hineingesenkt. Die Kelchblätter sind auffallend schmal, wie eine letzte Verfeinerung der zarten Blätter. Über dem

Wiesen-Glockenblume (Campanula patula).

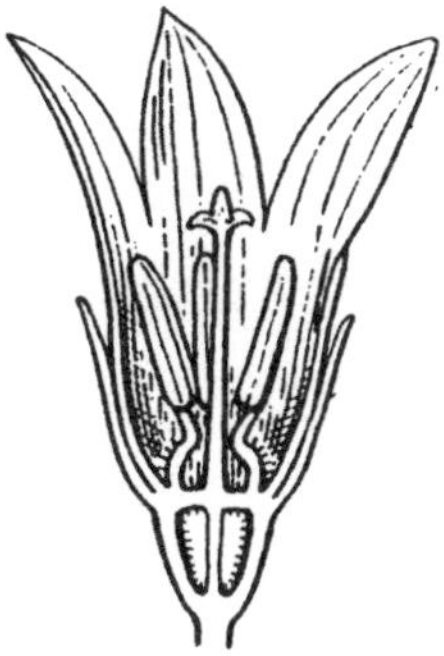

Blüte der Wiesenglockenblume im Längsschnitt (aus Graf, Tafelwerk zur Pflanzensystematik).

Fruchtknoten erhebt sich der tiefe Blütenkelch, in dem die Blütenblätter zu einer gemeinsamen Bildung verwachsen sind. Am Rande wendet er sich mit der Geste der Hingabe zum Licht.

Während der Entwicklung bleibt der Blütenkelch ziemlich lang verschlossen. Er wächst als ein sich weitender Innenraum heran. In ihm reifen die Staubgefäße, deren Staubbeutel zunächst gemeinsam einen Ring um die geschlossene Narbe bilden. Erst wenn sie ihren Blütenstaub nach innen an den Griffel und außen an die noch zusammengeschlossenen Narbenäste abgegeben haben und welken, öffnet sich die Blüte (s. Farbabb. 19 und 20).

So tritt in ihr alles nach außen Verströmende und Versprühende zurück. Sie ist ganz hingebungsvolles Empfangen. Dieser Gebärde entspricht die Farbe. Im Blau empfindet man Zurückweichen und Verinnerlichung. Bei der Wiesenglockenblume, deren Blüten sich stärker der Umgebung zuwenden, ist das Blau charakteristischerweise etwas rötlich tingiert.

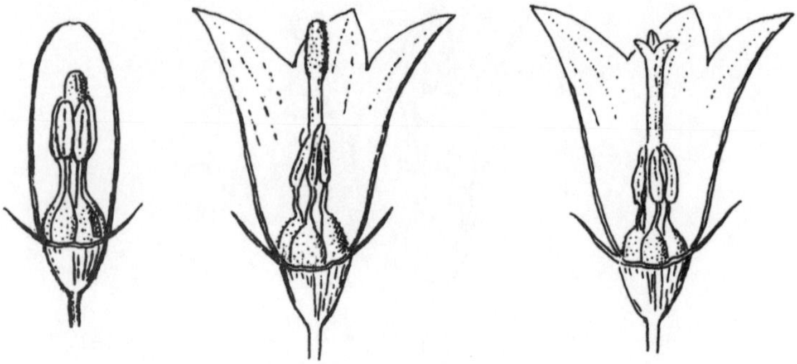

Allmähliche Entfaltung des Griffels und das Verwelken der Staubgefäße in der Blüte der Kleinen Glockenblume (Campanula pusilla) (z. T. nach Graf, Tafelwerk zur Pflanzensystematik).

Was ist es, was die Blütenkrone zu dem tiefen Innenraum verwachsen und die Staubgefäße auch am Grunde durch die schuppenförmig verbreiterte Basis der Staubfäden sich zusammenschließen lässt? In jeder Blüte wirken Kräfte, die blattartige Bildungen zu einem Ganzen zusammenschließen. Durch sie entsteht der Fruchtknoten, in dem sich nach einer Bemerkung Goethes das Leben in sich selbst zurückzieht, um zu seiner letzten und höchsten Stufe fortzuschreiten, zum Reifen der Frucht. Die Anregung zum Reifen empfängt die Pflanze in der Bestäubung von außen.

Die Kräfte, die den Fruchtknoten bilden, ergreifen bei der Glockenblume auch die Blütenkrone und die Staubgefäße. So verwachsen die Blütenblätter zu einer Einheit und einem abgeschlossenen Innenraum, der sich erst öffnet, wenn er wie in einem Reifungsprozess herangewachsen ist. Die tiefen blauen Blüten der Glockenblumen entstehen, indem in der Blütenkrone jene Kräfte wirksam werden, durch die sich das Leben zum Reifungsprozess verinnerlicht. Die innere Hingabe an die Sonne des normalen Blühens wird zum tief hingebungsvollen Aufnehmen des Lichtes. Die Pflanze vereinigt sich im Blühen inniger mit den Kräften des Kosmos als sonst. Das macht sich schon in der dem Blühen vorausgehenden Entwicklung bemerkbar, in der sich der Spross so rasch den irdischen Wirkungen entringt.

In diesem Geschehen spricht sich etwas aus, was in den tieferen Bereichen der Seele eine Entsprechung hat. Der Mensch kann sich äußerlich der Welt zuwenden. Er gewinnt dabei ein Wissen von den Erscheinungen. Das Wissen lebt in seinen Vorstellungen; er nimmt es in den Verstand auf. Das ist das weitgehend unpersönliche, periphere Gebiet des Seelenlebens. In der Freude, der Zuneigung, in dem Mitgefühl usw. entsteht eine innere Anteilnahme. Das persönliche Erleben öffnet sich in solchen Gefühlen zu den Dingen und verbindet sich mit ihnen. Das Fühlen weitet sich zur Welt, denn es ist durchdrungen vom Licht des Verstehens. Man freut sich über das Wohlwollen, das man im Verhalten eines Menschen bemerkt; was man vom Leid eines anderen erfährt, löst Mitgefühl aus.

Es gibt eine noch tiefere Region der Seele. In ihr regen sich die schicksalshaften Ahnungen, hier leben die religiösen Stimmungen und die Inspirationen des Künstlers. Die Seele fühlt die Nähe des Göttlichen und Geistigen; sie empfindet ihre Lebenswurzeln in den Strömungen eines höheren Daseins. Wenn der Mensch die Welt so verstehen möchte, dass das Wissen zu diesem tieferen Bereich eine Beziehung findet, dann äußert sich dieses Bedürfnis z. B. als Glaubenssehnsucht. Die Seele sucht ein geistiges Erfassen, ein Wissen, in dem sich nicht nur die Erscheinungen, sondern die tieferen Geheimnisse der Dinge und des Lebens aussprechen. Mit Glaube meinen wir nicht das Fürwahrhalten ohne Begreifen, sondern eine aus der Tiefe stammende Hingabe an weisheitsvolles Wissen, an geistiges

Licht, das die Seele tief in sich aufnimmt. Dort lebt es als Überzeugung weiter. Es wird zu innerer Lebenskraft und Lebenssicherheit. Aus dem, was die Seele in tiefer Hingabe als Glaube in sich aufnimmt, reifen die Seelenkräfte. Im Glauben löst sich die Seele aus jenen Bindungen, die sie so vielfältig an das äußere Dasein fesseln.

So wird begreiflich, was den Menschen berührt, wenn er im hohen Sommer auf einer Wiese, am Waldrand oder im lichten Wald eine Glockenblume sieht. Er fühlt sich so tief angesprochen, weil ihm in einem lebendigen Bild von außen entgegentritt, was in ihm die Glaubenskraft der Seele ist: die tiefe innere Hingabe an die reine Welt des Lichtes, das Aufnehmen dieses Lichtes in die Tiefe des Inneren, in dem die Kräfte des Reifens wirken, und das Sich-Lösen von den irdischen Kräften.

Man kann nun wahrnehmen, wie in verschiedenen Glockenblumen einzelne Nuancen der Gläubigkeit zur Erscheinung kommen. Die Glaubenssehnsucht mit ihrem inneren Verlangen nach den tieferen Geheimnissen wird Gestalt in der Wiesenglockenblume, deren Blüten sich so stark nach außen der Sonne zuwenden, das Aufnehmen des geistigen Lichtes in die Tiefe der Seele in der Rundblättrigen Glockenblume.

Schließlich trägt die Seele dieses Licht in sich; sie wendet sich dann nicht mehr nach außen, sondern ist bei sich. Physiognomisch drückt sich das in den nach unten gewendeten Blüten der Bärtigen Glockenblume *(Campanula barbata)* aus. In ihrem hellen Blau empfindet man wie in einem Bild die Durchlichtung des Seeleninneren.

Bärtige Glockenblume (Campanula barbata).

MORPHOLOGISCHE UND PHYSIOGNOMISCHE GESTALTERKENNTNIS

In den vorangehenden Kapiteln haben wir die Pflanzen etwas eingehender morphologisch betrachtet, bevor wir uns ihrem physiognomischen Charakter zugewendet haben. Wir wollen die Folge unserer Pflanzenstudien kurz unterbrechen, um die Beziehung zwischen der morphologischen und der physiognomischen Erkenntnismethode zu klären.

Den Gestaltzusammenhang der Blütenpflanzen lernt man verstehen, wenn man sich im Sinne von Goethes morphologischer Methode zunächst eine Anschauung vom allgemeinen Bildungsgesetz der Blütenpflanzen erarbeitet. Man dringt in ihre Entwicklung ein, indem man in der inneren Anschauung nachvollzieht, wie die jeweils folgende Entwicklungsstufe durch Metamorphose aus der vorangehenden hervorgeht. Dabei wird das, was man im Alltagsbewusstsein als räumliches Neben- und zeitliches Nacheinander auffasst, Ausdruck eines Prozesses, in dem lebendiges Gestalten und Umgestalten und ein mehrfacher Rhythmus von Ausdehnung und Zusammenziehung herrschen. Man gewinnt ein allgemeines Bild der Blütenpflanze, in dem alles zueinander in lebendiger Wechselwirkung steht.

Nun kann man verfolgen, wie sich dieser allgemeine Organismus, der Typus, in die einzelnen Pflanzenformen spezialisiert. Man vollzieht schaffend mit, wie er dadurch, dass eines seiner Organe sich in einer besonderen Weise ausbildet, als ganzer eine bestimmte Gestalt annimmt. Man erfasst in streng gesetzmäßig verlaufender Tätigkeit intuitiv das Entstehen der einzelnen Gattungen und Arten. Der Gestaltzusammenhang, der für das gewöhnliche Bewusstsein ein unlösbares Rätsel ist, wird durchsichtig.

Zum erkennenden Verstehen der Pflanzen gelangt man im Goetheschen Sinne also durch zwei recht unterschiedliche Prozesse. Zunächst belebt man die starren Vorstellungen des gewöhnlichen Bewusstseins, indem man vom Anschauen zum inneren Nachgestalten übergeht und so zu dem durch und durch beweglichen Bild des Typus kommt. Dann entwickelt man aus diesem Bild durch ein gestaltend tätiges Denken die konkreten Gattungen und Arten der Pflanzen. Wir sind auf diesem Wege zum Verstehen der Nelken, der Wicken und der Glockenblumen gekommen – auch wenn wir nicht immer explizit auf den Typus hingewiesen haben.

Die Ausbildung des morphologischen Erkennens beruht wesentlich darauf, dass man die Vorstellungen aus ihren erstarrten Formen befreit, gleichsam in innerer Aktivität aufschmilzt und im Milieu der beweglichen Vorstellungen ein gestaltendes Denken entwickelt. Dessen Begriffe unterscheiden sich grundlegend von denen, die der Verstand aus den geronnenen Vorstellungen durch Verallgemeinerung herausdestilliert. Der Begriff der Nelke ist jener lebendige Gestaltungsprozess, durch den sich der Typus zur Nelke spezialisiert. Ebenso ist der Begriff der Wicke jener Prozess, durch den sich im gestaltenden Denken der Typus als Wicke manifestiert. Für denjenigen, der die Fähigkeit des gestaltenden Denkens ausbildet, ist es nicht schwer, auch die anderen Pflanzenformen in dieser Art zu begreifen. Durch die innere Lebendigkeit dieses Denkens wird ein bedeutender Zusammenhang sichtbar: dass alle Pflanzen, zumindest alle Blütenpflanzen, eine Einheit sind. Denn es ist eine Wesenheit, der Typus, die sich nach den in ihr liegenden

Möglichkeiten als die verschiedenen Pflanzenformen verwirklicht.

Die innere Lebendigkeit des Bewusstseins, die man sich durch die Goethesche Morphologie erarbeitet, ist eine wichtige Grundlage für das physiognomische Pflanzenverstehen. Es setzt voraus, dass man die vielfältigen Seelenerlebnisse mit Bewusstsein durchdringt. Man kommt da in eine Sphäre, in der alles Bewegung ist, d. h. in einen Bereich, der dem im Gegenständlichen verwurzelten Alltagsbewusstsein kaum zugänglich ist.

Das morphologische Erkennen verlangt, dass man an den geronnenen Formen der Pflanzenwelt von den erstarrten Bewusstseinsformen zu beweglichen übergeht. Für das physiognomische Erkennen muss man von vornherein mit dem Bewusstsein in jene Sphäre eindringen, in der alles beweglich ist und sich nichts bis zum Stofflichen verdichtet. Und man muss die dynamischen Seelenregungen innerlich beweglich mitvollziehen. Dabei hellt sich die Dämmerung des Seelenraumes auf, die Gefühle werden konkreter. Man erfährt sie als spezifische gebärdenhafte Bewegungen, wie wir das beschrieben haben.

Wendet man sich nun mit der erwachenden Seele den Bildungsprozessen der lebendigen Natur zu, dann erlebt man eine bedeutende Erweiterung des Bewusstseinshorizontes. Man entdeckt: Die Seelenregungen des eigenen Innern sind nur ein Ausschnitt aus einem viel weiteren Bereich des Seelischen. Man kann nämlich mit den bewusst gewordenen Seelengebärden die lebendigen Gestaltungen der Pflanzenwelt durchdringen und diese als geronnene Physiognomie einer gleichartigen Seelenregung erfassen. Auch hier kommt man zur Einsicht, dass diese Physiognomien eine gemeinsame Quelle haben müssen, nämlich eine Seelenwesenheit mit dem Reichtum ihrer inneren Regungen.

Man kann die physiognomische Pflanzenerkenntnis als eine Fortsetzung der Goetheschen Pflanzenmorphologie ansehen. Die Lebendigkeit des Geistes, die man auf dem Gebiet der Goetheschen Morphologie erringt, ist eine wesentliche Voraussetzung, um in der eigenen Seele jene Bewusstheit zu erringen, durch die sich in der Natur nicht nur die Gestaltzusammenhänge, sondern in diesen ein tieferer seelenhafter Wesensbereich offenbaren kann.

LÖWENMAUL, FINGERHUT UND KÖNIGSKERZE

Eine der verschiedenen Möglichkeiten, das große Reich der Blütenpflanzen zu gliedern, führt zu jener Ordnung, die in der Pflanzensystematik beschrieben wird. Hier werden die Blütenpflanzen nach morphologischen Gesichtspunkten zunächst in die zwei Hauptgruppen der ein- und zweikeimblättrigen Pflanzen aufgeteilt und diese wieder in eine Anzahl von Pflanzenfamilien. Zu diesen Differenzierungen kommt es dadurch, dass der Typus, von dem im letzten Kapitel die Rede war, sich durch das Übergewicht bestimmter Bildungsprozesse nach verschiedenen Richtungen hin spezialisiert. Jede dieser Ausgestaltungen enthält aber einen weiten Spielraum, der sich in den verschiedenen Gattungen verwirklicht.

Bei vielen Pflanzenfamilien ist die Zusammengehörigkeit ihrer Gattungen recht augenfällig. Wer einmal die Blüten und den Blütenstand eines Kreuzblütlers, Spross und Blütenstand eines Doldengewächses oder Spross, Blütenstand und Blüten eines Lippenblütlers sorgfältig angeschaut hat, wird in der Regel auch die meisten anderen Kreuzblütler, Doldengewächse und Lippenblütler als solche identifizieren. Ähnlich wird es ihm auch mit den Gräsern, den Schmetterlingsblütlern, den Korbblütlern und den Pflanzen verschiedener anderer Familien gehen. Jener Prozess, durch den der Typus zum Kreuzblütler, Lippenblütler usw. wird, führt zu Formen, die bei allen Gattungen als gemeinsame Signatur auftreten.

Es gibt aber auch Pflanzenfamilien, bei denen nur der morphologisch geschulte Botaniker die Zusammengehörigkeit der Gattungen entdeckt. Zu diesen gehören neben den Hahnenfußgewächsen und den Mohngewächsen z.B. die Rachenblütler. Wer würde vermuten, dass der Augentrost *(Euphrasia)*, der Ehrenpreis *(Veronica)*, die Braunwurz *(Scrophularia)*, das Leinkraut *(Linaria)*, das Löwenmaul *(Antirrhinum)*, der Fingerhut *(Digitalis)* und die Königskerze *(Verbascum)* der gleichen Familie angehören? Sie haben wohl alle einen durchgehenden Spross mit einfachen Blättern, der sich bis in den Blütenstand fortsetzt und den Pflanzen ihren zentrierten Charakter verleiht. Die Form der Blüten ist aber von erstaunlicher Vielgestaltigkeit. Was die Gattungen der Rachenblütler vor allem charakterisiert, ist die Unterschiedlichkeit ihrer Blüten. Bei vielen Familien ist gerade die Form der Blüten das Gemeinsame; hier ist das Gegenteil der Fall. Sicher gibt es auch bei den Blüten der Rachenblütler etwas Durchgehendes: Ihre Blütenblätter sind miteinander verwachsen, und die bilaterale Symmetrie, die Differenzierung zwischen Oben und Unten, verleiht ihnen einen deutlichen physiognomischen Ausdruck.

Wir wollen im Weiteren drei Rachenblütler etwas eingehender betrachten: das Große Löwenmaul *(Antirrhinum maius)*, den Roten Fingerhut *(Digitalis purpurea)* und die Großblütige Königskerze *(Verbascum thaspiforme)*.

Das Große Löwenmaul ist wohl jedem, auch schon den Kindern, durch die Form seiner Blüten und deren satte Farben vertraut (s. Farbabb. 21). Im Freien findet man es bisweilen an Mauern oder warmen felsigen Stellen. Es ist aber vor allem eine Pflanze der Gärten. Hier blüht es von Juni bis September. Seine Heimat liegt in Südeuropa, Nordafrika und dem Vorderen Orient.

Der Spross wächst im Vergleich zum Fingerhut und der

Königskerze nicht weit in die Höhe. Sein Stängel wird hart, die Blätter bilden einen kurzen Stiel, der sich in eine einfache, ziemlich dunkle und dichte Blattspreite weitet. Der ganze Spross wirkt bei aller offenen Beziehung zur Umgebung konzentriert. Über ihm erhebt sich dann der Blütenstand. Seine Blüten stehen ziemlich eng um die zentrale Achse und blühen allmählich von unten nach oben auf. Man kann hierbei eindrucksvolle Stadien in der Entfaltung ihrer Physiognomie beobachten. Der Blüteninnenraum streckt und weitet sich. Dann entfalten sich Ober- und Unterlippe, und es tritt zwischen ihnen der eigenartige Wulst in Erscheinung, der das Innere wie mit dem Ausdruck zufriedenen Behagens nach außen abschließt. Diesen Wulst müssen die Hummeln nach unten drücken, wenn sie zu dem Nektar im Inneren gelangen wollen. Es gibt wohl kaum eine andere unter den uns vertrauten Pflanzen, deren Blüten sich mit ihrer Ober- und Unterlippe deutlich zur Umgebung wenden und sich zugleich so stark in einen ziemlich weiten Innenraum absondern. Die doppelte Geste von Zuwendung und Sich-Absondern kann man, wie wir gesehen haben, auch an der übrigen Pflanze finden: an dem Spross mit seinem verdichteten Stängel und den Blättern, in denen die Beziehung zur Sonne durch ein geringes Sich-Weiten abgeschwächt ist.

Der Rote Fingerhut wächst im Gegensatz zum Löwenmaul an Stellen, an denen die Wirkung der Sonne gedämpft ist: vor allem im Wald auf Lichtungen und Kahlschlägen, am Waldrand, wenn er von Büschen umsäumt ist. Als zweijährige Pflanze bildet er im ersten Jahr am Boden eine schöne Rosette. Die Entfaltung des Sprosses ist ganz unterdrückt. Die Pflanze verbindet sich zunächst durch die Wurzel intensiv mit der Erde. Im zweiten Jahr erfolgt dann das starke vertikale Wachstum, das für die zweijährigen Kräuter

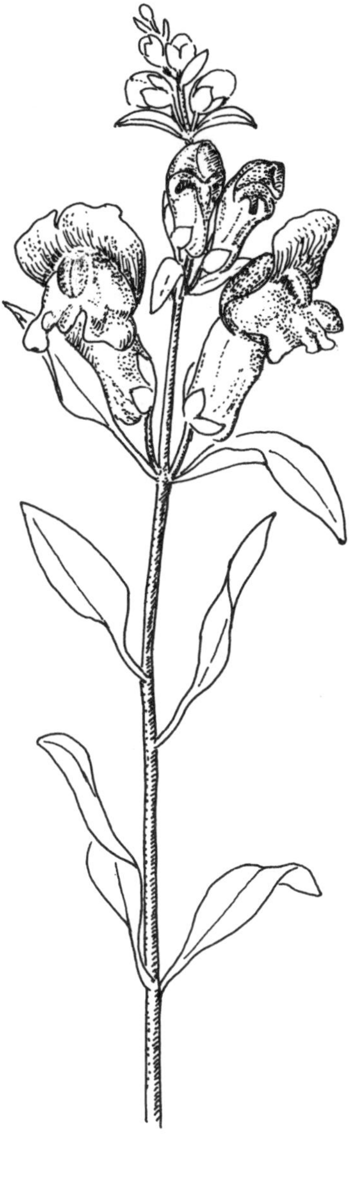

Großes Löwenmaul (Antirrhinum maius).

charakteristisch ist. An dem Stängel entstehen die schönen, länglichen Blätter. Ihr Stiel weitet sich allmählich zur Spreite, die sich dann wieder langsam zusammenzieht. Gegenüber dem Löwenmaul entfaltet sich der Spross stärker; die Kräfte der Erde drängen im Stängel mächtiger nach oben, und die Blätter verbinden sich durch ihre größeren Spreiten intensiver mit dem Licht. Beim Übergang zum Blütenstand werden die Blätter kleiner, schließlich löst sich die Spreite nicht mehr vom Stängel.

Eindrucksvoll erhebt sich dann der schmal aufstrebende Blütenstand mit seinen vielen Blüten, die auch hier von unten nach oben aufblühen. Im Gegensatz zum Löwenmaul öffnen sich die tiefen Blütenröhren (s. Farbabb. 22). Sie wenden sich mit einer eigenartigen Gebärde, der jede Nuance von Hingabe fehlt, nach unten. Ihre größte Weite haben sie nicht an der Peripherie, sondern etwas oberhalb, als ob die Beziehung nach außen bzw. unten im Inneren mit einem leichten Aufblähen verbunden wäre. Auch die etwas unruhig wirkende rote Färbung deutet mehr auf Eigensein als auf Hingabe. Dem entspricht die starke Zentrierung der ganzen Pflanze durch die so beherrschende zentrale Achse und die im Verhältnis zu ihrer Länge relativ schmalen Blätter.

Eine höchste Steigerung der empordrängenden und zentrierend wirkenden Kräfte erfährt die Pflanzenbildung bei den Königskerzen. Sie sind gegenüber verschiedenen Fingerhutarten fast alle zweijährig. So kommt der Gegensatz von Hemmung des Sprosses in einer vielblättrigen Rosette und mächtiger Ausbildung der zentralen Sprossachse auch besonders eindrucksvoll zur Geltung, vor allem bei der Großblütigen Königskerze. An ihren charakteristischen Standorten – offenen, trockenen Hängen und steinigen, sonnigen Plätzen – wird sie mehr als zwei Meter hoch. Hier blüht sie wie eine übermäßig hohe, schmale leuchtend gelbe

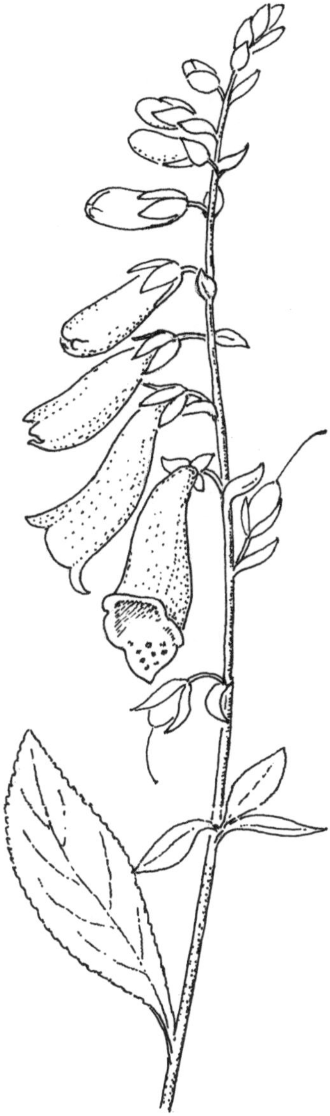

Blütenstand des Roten Fingerhutes (Digitalis purpurea).

Kerze zur Zeit der intensivsten Wärme im Juli und August. Die zentrale Sprossachse bestimmt die Erscheinung und beherrscht die ganze Bildung (s. Farbabb. 23). Die Blätter werden von den zentrierenden Kräften ergriffen und verwachsen ein Stück weit mit dem Stängel, bevor sie sich zur Umgebung wenden. Stängel und Blätter sondern sich durch einen dichten Filz aus feinen Haaren vom unmittelbaren Kontakt mit der Atmosphäre ab. An dem Blütenstand entsteht eine große Anzahl von Seitentrieben. Sie sind in ihrer Entfaltung aber so stark gehemmt und an die zentrale Achse gefesselt, dass der Anschein entsteht, die Blüten würden unmittelbar aus dieser hervorgehen. Und in den hellen gelben Blüten ist die Röhre weitgehend unterdrückt. Zwei kleinere Blütenblätter wenden sich nach oben, zwei etwas größere zur Seite und das größte nach unten. Die Großblütige Königskerze steht hoch über den anderen Pflanzen, distanziert und gleichsam beziehungslos in ihrer Umgebung.

Die Staubgefäße sind recht ungewöhnlich. Sonst befinden sich die Staubbeutel links und rechts oben an den Staubfäden. Dadurch sind die Pollensäcke draußen im Umkreis. Bei den drei oberen Staubgefäßen der Königskerze sitzen sie auf den Staubfäden: Sie werden der Umgebung präsentiert. Noch deutlicher ist diese Geste bei den zwei unteren Staubgefäßen, an denen sich die gebogenen Staubbeutel der Umgebung zuwenden. Es herrscht also nicht die sonst so typische Gebärde eines selbstlosen Aufgehens in den Umkreis, sondern eine selbstbetonte Zuwendung. Dem entspricht eine weitere Besonderheit. Aus den Staubfäden der drei oberen Staubgefäße entspringen unterhalb der Staubbeutel feine Haare, die unter anderem Zucker absondern – wie eine «Verstäubung» auf einem niedrigeren Niveau.

Was ist das Gemeinsame der drei Rachenblütler? Wenn

Großblütige Königskerze (Verbascum thaspiforme)
kurz vor dem Blühen.

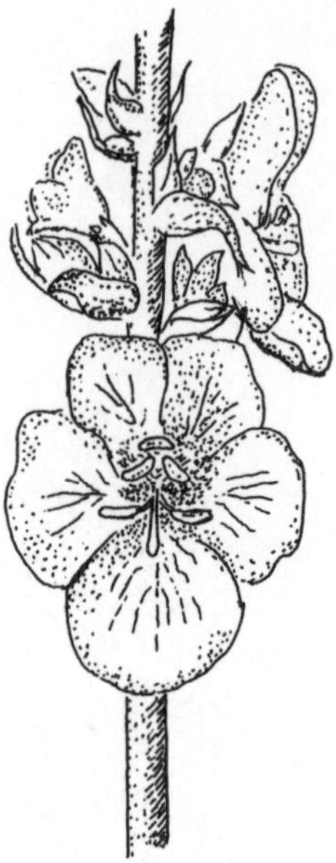

Blüte der Großblütigen Königskerze.

man, anknüpfend an die Betrachtung der Nelke, im Stängel einen Ausdruck des Selbstseins und in den Blättern den der Hingabe sieht, dann wird deutlich, dass keine Harmonie zwischen diesen beiden Gebärden herrscht; die des Selbstseins hat ein Übergewicht. Das tritt auch in den Blüten physiognomisch in Erscheinung, am deutlichsten beim Löwenmaul und beim Fingerhut. Die Verhältnisse sind aber komplizierter als bei den Nelken, bei denen die besondere Form der Blüten eine Folge der dominierenden Stängelbildung ist. Offensichtlich äußern sich in den Blüten unserer Rachenblütler ganz spezifische Qualitäten eines inneren Selbsterlebens.

Wenn sich das Selbsterleben z. B. an dem entzündet, was ein Mensch erreicht hat, kann es wie im Gefühl des Behagens ganz innerlich verlaufen. Dabei weitet sich der Seeleninnenraum ohne eine Beziehung nach außen – ähnlich wie im Glücksgefühl. Wird dieses Behagen von stärkerem Selbstgefühl durchsetzt, dann verwandelt es sich in Selbstzufriedenheit. Die Seele bläht sich innerlich auf. Sie möchte nun auch der Umwelt gegenüber zum Ausdruck bringen, dass sie etwas Besonderes ist. So genießt die Seele innerlich das Erreichte und wendet sich zugleich nach außen. Das kann bis zur Einbildung und einer abschätzenden Geste gegenüber der Umwelt führen.

Diese verschiedenen Nuancen der Selbstzufriedenheit erscheinen in den Blüten des Großen Löwenmauls: das innere Sich-Aufblähen in der Weite des Blüteninnenraumes, die Hinwendung zur Umgebung in seiner Streckung und in der Ober- und Unterlippe. Die demonstrative Geste der Selbstzufriedenheit manifestiert sich in dem Sich-Vorwölben des Wulstes und die abschätzige Haltung, die Nuance der Selbstüberheblichkeit, in seiner Erscheinung von der Seite.

Der Fingerhut ist in seiner schmal aufstrebenden Gestalt mit der starken Zentrierung durch die intensiv empordrängenden Gravitationskräfte im Vergleich zum Löwenmaul Ausdruck eines gesteigerten Selbstseins. Wenn dieses das in der Selbstzufriedenheit wirkende Selbstwertgefühl durchsetzt, entsteht der Hochmut. Die Seele ist von der Meinung beherrscht, sie wäre bedeutender als andere. Sie stellt sich in ihrer Überheblichkeit über die Mitmenschen und deren Leistung und demonstriert die eigene Bedeutung durch die Gebärde der Herablassung. Die Zuwendung trägt Züge deutlicher Distanzierung; denn der andere wird als zu unbedeutend angesehen, als dass er dem eigenen Innern ein Interesse entlocken könnte. Das bestätigt und steigert das Selbstwertgefühl; die Seele bläht sich in ihrer Blasiertheit auf. Was entsteht, ist ein Zustand innerer Hohlheit.

Mit der Seelengebärde des Hochmutes charakterisiert man zugleich auch den Roten Fingerhut, seine ganze Gestalt und vor allem den Blütenstand mit seinen Blüten. Wir haben schon beschrieben, wie sie sich von oben – herablassend – nach unten wenden und jeglicher Ausdruck von Hingabe fehlt. In der Ober- und Unterlippe kommen Distanz und Herablassung zum Ausdruck. Das Innere der Blüte wirkt besonders dort, wo es sich ausweitet, leer. Die Gebärde der hochmütigen Herablassung wird dadurch unterstrichen, dass sich die Blüten nach einer Seite wenden.

Eine höchste Intensivierung des Selbstseins tritt uns in der Königskerze entgegen, in dem übermächtig aufstrebenden Zentralspross und der hochgradigen Unterdrückung von Hingabe in der Fesselung der Blätter und des Blütenstandes an den kräftigen Stängel. In einer letzten Steigerung wird das Selbstgefühl zum Stolz. Es gibt verschiedene Anlässe, die den Stolz erregen, die Herkunft, die soziale Stellung, die eigenen Leistungen und anderes mehr. Das alles dient aber nur dem aus dem Inneren aufsteigenden Selbstwertgefühl. Das Gefühl der eigenen Bedeutung und Würde ist so mächtig, dass bisweilen sogar Schwächen mit einem Gütesiegel versehen werden.

Im Stolz erreicht das Bewusstsein der eigenen Bedeutung solche Sicherheit, dass es keiner Selbstbestätigung mehr bedarf. Herablassung ist unter seiner Würde.

Im Stolz kann die Seele sich selbst nicht vergessen; es ist ihr unmöglich, sich an anderes unbefangen hinzugeben oder gar in selbstloser Hingabe aufzugehen. In ihrer Selbstbezogenheit fühlt sie sich über das, was in der Umgebung vorgeht, erhaben. Der Stolz schafft eine Atmosphäre kühler Distanz. Er nimmt wach zur Kenntnis, was in der Welt geschieht, wird innerlich aber kaum berührt. Die Haltung des Stolzes ist die eines übermäßigen Aufgerichtetseins. Und so blickt er aus seiner hohen Warte über vieles selbstbewusst und unbeteiligt hinweg.

Wendet man sich mit dem bewussten Erleben von Stolz der Großblütigen Königskerze zu und durchdringt mit ihm ihre Formen und Farben, dann werden diese gleichsam durchsichtig. Man bemerkt: Stolz erscheint in einer äußeren räumlichen Offenbarung. Wir müssen das nicht einzeln begründen; es ergibt sich, wenn man bei der Charakterisierung des Stolzes die Formgebärden und die Farben der Großblütigen Königskerze betrachtet. Es wird auch verständlich, dass sich Stolz im Leben der Pflanzenwelt dort äußert, wo seine Manifestation in der Fülle der sommerlichen Sonne weithin sichtbar ist.

Auch in den anderen Königskerzen kann man das Bild des Stolzes entdecken, nur in anderer Nuancierung. Entsprechendes gilt auch für die verschiedenen Arten des Fingerhutes und den Hochmut.

Löwenmaul, Fingerhut und Königskerze gehören nicht nur im Sinne der Pflanzensystematik zur gleichen Familie, sondern auch in ihrem physiognomischen Charakter. Selbstzufriedenheit, Hochmut und Stolz sind, wie wir gesehen haben, verschiedene Manifestationen der gleichen Grundstimmung, die man als Selbstgefühl oder Selbstwertgefühl bezeichnen kann. Wenn man weitere Gattungen der Rachenblütler auf ihren physiognomischen Ausdruck hin untersucht, dann findet man noch andere Nuancen des Selbstgefühls, wie z. B. Einbildung, Eitelkeit und Selbstgefälligkeit. Der innere Zusammenhang der verschiedenen Gattungen, der für die gewöhnliche morphologische Betrachtung so viel weniger greifbar ist als bei anderen Familien, enthüllt sich der tiefer in die Natur eindringenden physiognomischen Betrachtung als verschiedene Manifestationen des Selbstgefühls.

Eine weitere Ausarbeitung der physiognomischen Botanik, die in dieser ersten Skizze nicht möglich ist, wird zeigen, dass auch bei den anderen Familien dem morphologischen Zusammenhang ein bestimmtes Gebiet des Seelischen entspricht. Das Seelenleben ist nicht eine bloße Summe einzelner Regungen. Auch in der Seele gibt es Gruppen innerlich verwandter Regungen und Metamorphosen, wie wir in einem der vorangehenden Kapitel beschrieben haben.

DIE ROSE

Pflanzen waren vergangenen Jahrhunderten und früheren Epochen der Menschheit nicht wie uns heute Bildungen der Natur, deren Beschreibung und Deutung bloß Sache des Naturforschers ist. Viele Pflanzen hatten eine tiefere Bedeutung. Sie waren Attribute bestimmter Gottheiten und Symbole für bedeutende Eigenschaften der Seele. Man sah im Ölbaum ein Bild des Friedens, in der Zeder ein Gleichnis der Unsterblichkeit, im Immergrün ein Sinnbild der Treue usw. Wenn der mittelalterliche Maler Maria im Rosenhag darstellte, dann verbildlichte er die Eigenschaften der Gottesmutter in bestimmten Blumen: im Veilchen ihre Demut, in der Lilie ihre Reinheit, in der Erdbeere, die zugleich blüht und fruchtet, ihre Jungfräulichkeit und Mutterschaft und in der roten Rose ihre vollkommene Liebe. Die Pflanzen wurden als etwas aufgefasst, das innere Seeleneigenschaften im äußeren Bild zeigt. So sind die Pflanzen seit frühen Zeiten ein bedeutendes Gebiet der Symbolik. Wenn in den Gärten Persiens und Babylons bestimmte Pflanzen gepflegt wurden, dann geschah es dieser symbolischen Bedeutung wegen. Der Rest einer solchen Auffassung lebt noch in der Gegenwart. Es bedeutet etwas anderes, wenn man Wicken oder Rosen schenkt. Und in ein Gärtchen pflanzt man andere Blumen als auf ein Grab. Man erlebt, was wir eingangs als Anmutung bezeichnet haben.

Die verschiedenen Pflanzen hatten seit je im symbolischen Erleben der Menschen einen verschiedenen Rang. Die Pflanze, die alle anderen überragt und die Menschen am tiefsten berührt hat, ist die Rose. Das ist der Grund, weshalb sie schon vor Jahrtausenden im Orient kultiviert wurde. Bei den Babyloniern war sie der Göttin Ischtar geweiht, bei den Griechen der Aphrodite. Und im alten Ägypten wurden die Altäre der Isis mit Rosen geschmückt. Man sah in der Rose das Bild jener Seelenkraft, die der größten Vertiefung fähig ist und die Seele des Menschen in die Bereiche des Göttlichen weiten kann. Diese Kraft ist die Liebe. So schreibt Angelus Silesius:

> Dein Herz empfänget Gott mit allem seinem Gut,
> Wenn es sich gegen ihn wie eine Ros' auftut.

Wir wollen dem Hinweis, der uns so eindrucksvoll in der Symbolik der Rose entgegentritt, ihrer Beziehung zur Seelenkraft der Liebe, nachgehen, uns zunächst aber der Erscheinung der Rose zuwenden. Als Ausgangspunkt wählen wir die unveredelte Heckenrose *(Rosa canina;* s. Farbabb. 24).

Sie ist wie auch die anderen Rosen im Gegensatz zu allen bisher betrachteten Pflanzen ein Strauch. Der oberirdische Teil der Pflanze entsteht und vergeht nicht wie bei den Kräutern im Zusammenhang mit der zu- und abnehmenden Wirkung der Sonne im Laufe eines Jahres. Die Rose entfaltet sich dauerhaft im Raum über der Erde. In kraftvoll impulsiertem Wachstum bildet sie ihre bogenförmigen Triebe, mit denen sie sich nach allen Seiten in den Umkreis hineinbegibt. Es entsteht kein Zentrum wie in der Zentralachse der Kräuter oder im Stamm der Bäume. Der Rosenstrauch geht mit seinem Sprießen zunächst ganz in der Hingabe an die Umgebung auf.

Die Tendenz intensiver Sprossbildung setzt sich auch in die Blätter hinein fort. Die Blattfläche löst sich durch eine kräftige Rhachis in meist fünf oder sieben Fiederblättchen

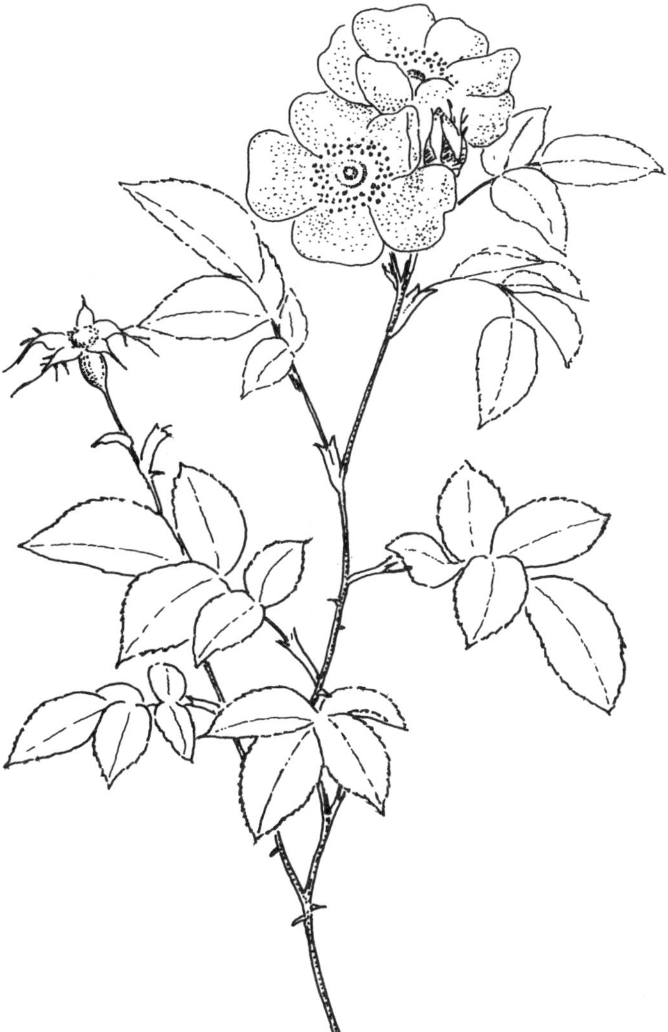

Zweig einer Heckenrose (Rosa canina).

auf. Sie sind so geordnet, dass auch im einzelnen Blatt wie im ganzen Strauch die Hinwendung zum Umkreis sichtbar wird.

Dauerhaft werden die Triebe durch Verholzung. Das weiche, lebendige Gewebe wird im Zusammenhang mit einer verstärkten Substanzablagerung trockener und dichter und stirbt partiell ab. Dieser Vorgang entspricht der Kristallisation im Anorganischen. Wenn ein Kristall entsteht, gibt die Substanz ihre Verbindung mit dem beweglichen Element des Wassers auf und geht in den Zustand der Verdichtung und Erstarrung über. Der analoge Vorgang spielt sich in den Rosentrieben ab, wenn sie bei der Verholzung fest und von Jahr zu Jahr dichter und dicker werden. Es sind die gleichen Kräfte, die bei der Kristallbildung im Anorganischen und in der Pflanze bei der Verholzung wirken: die der Gravitation. Durch sie verdichten sich im Ganzen der Erde die Stoffe zum Erdmittelpunkt und im Kleinen beim Kristallisieren zum Kristallzentrum hin.[28] Und wenn bei der Rose die Triebe so machtvoll nach außen drängen, dann gibt sich in ihnen auch die Erde mit ihren Gravitationskräften an die Umgebung hin. Den Höhepunkt ihres Wirkens und Hinausdrängens erreichen diese Kräfte in den Stacheln.

An den weit ausladenden Bogentrieben entspringen dann im folgenden Jahr jene Triebe, in denen die Rose zum Blühen der Sonne entgegenwächst. Jeder dieser Triebe entfaltet sich zu einem Blütenstand mit mehreren Blüten. So kommt es dann, wenn die Sonne im Juni ihren höchsten Stand erreicht, dass der Rosenstrauch wie in der Fülle des Blühens aufgeht. Eine blühende Heckenrose auf einer trockenen Weide, am Waldrand oder in einem lichten Wald gehört zu den schönsten und ergreifendsten Offenbarungen der sommerlichen Natur.

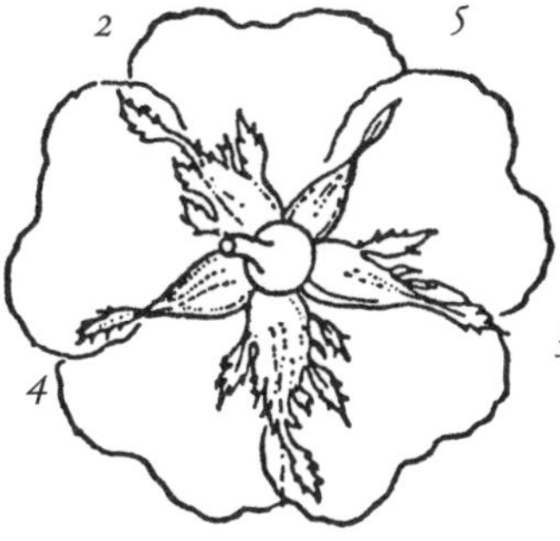

Kelch und Blütenkrone einer Heckenrose.
(Die Zahlen bezeichnen die Reihenfolge im Entstehen der Kelchblätter; aus Strasburger, Lehrbuch der Botanik.)

Ein Rhetor der späthellenistischen Zeit sagte: «Wenn Zeus den Blumen eine Königin hätte geben wollen, dann hätte er gewiss nur die Rose dieser Ehre für würdig geachtet.»[29] Dieser hohe Rang bezieht sich wohl vor allem auf die Blüten. Die zweikeimblättrigen Pflanzen, zu denen die Rosengewächse gehören, bilden einen Kelch. Er ist ein Organ des Übergangs. In ihm klingt die Bildung des grünen Blattes aus. Kelchblätter sind grüne Blätter auf der letzten Stufe der Vereinfachung. Wo sie an der Pflanze entspringen, stockt das aufwärtsstrebende Wachstum. Sie entstehen aber noch nicht gleichzeitig wie die Blätter der Blütenkrone; man kann noch etwas von der sukzessiven Bildung bemerken, die für die Blätter des grünen Sprosses so charakteristisch ist. Im Kelch bereitet sich gleichsam die Blütenkrone vor, in der sich die Pflanze auf einer neuen, völlig verwandelten Stufe offenbart. Bei keiner anderen Pflanze ist diese Vorbereitung so eindrucksvoll wie bei der Rose. Denn in den fünf Blättern ihres Kelches durchläuft sie noch einmal eine Metamorphose, obwohl die letzten Blätter unter der Blüte schon eine letzte Stufe der Vereinfachung erreicht hatten. Dieser eigenartigen Bildung hat der große mittelalterliche Gelehrte Albertus Magnus einen besonderen Vers gewidmet:

Quinque sunt fratres.
Duo sunt barbati
Duo sine barba nati
Unus e quinque
Non habet barbam utrimque.

Es sind fünf Brüder;
Zwei sind bärtig,
Zwei ohne Bart geboren,
Einer der Fünfe
Hat nur auf einer Seite einen Bart.

Wenn etwas Ungewöhnliches erscheinen soll, dann bedarf es besonderer Vorbereitung. Der Kelch der Rose mit seiner für den Botaniker so unmotivierten Metamorphose deutet darauf hin, dass sich im Übergang zur Rosenblüte eine viel eingreifendere Umwandlung vollzieht als sonst. Aus ihm bricht dann die Blüte hervor, die schon in dem unentfalteten Zustand ihrer Knospe von besonderer Schönheit ist. Sie weitet sich wie bei kaum einer anderen unserer Pflanzen zur Gebärde einer offenen Hingabe, die durch das zarte Rosa einen besonders innigen Charakter hat. Wenn man die Blütenblätter der Rose z. B. mit denen der Pfingstrose vergleicht, dann bemerkt man, wie zu dem Sich-Weiten noch eine besondere Betonung der Hingabe kommt. Im Zentrum der Blüte findet man keinen Fruchtknoten. So fehlt der Blüte die Gebärde der Zentrierung. Stattdessen bilden sich viele leuchtend gelbe Staubgefäße. Staubgefäße

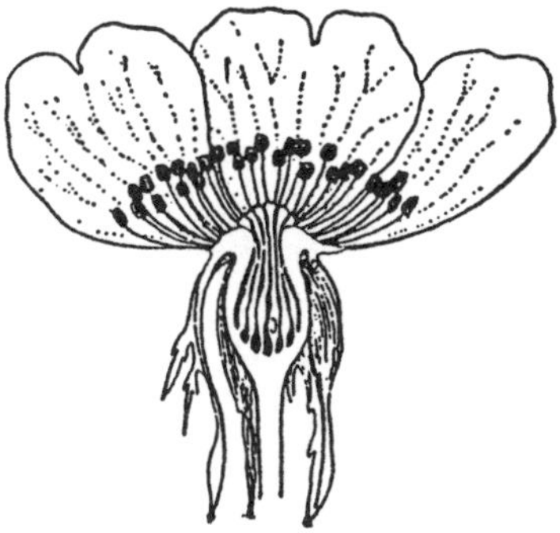

Längsschnitt durch die Blüte einer Heckenrose (aus Strasburger, Lehrbuch der Botanik).

sind, wie wir beim Johanniskraut genauer beschreiben werden, zentrifugale Bildungen, in denen die Pflanze bei der Verstäubung über sich hinaus in der durchsonnten Atmosphäre aufgeht. So entspringt aus dem Zentrum der Hingabe die Gebärde eines ungewöhnlich intensiven selbstlosen Aufgehens in einen höheren Bereich.

Unter der Blüte ist der Stängel eigenartig erweitert. Wenn man ihn hier der Länge nach durchschneidet, entdeckt man, dass er wie ein Krug ausgehöhlt ist. In ihm befindet sich eine ganze Anzahl kleiner Fruchtknoten, aus denen im Herbst die samenähnlichen Früchte der Hagebuttenkerne entstehen. Die Fruchtbildung ist in den Stängel versenkt, der dann als Hagebutte selbst zu einer Frucht reift. So ist bei der Rose auch der Fruchtbildungsprozess gesteigert; denn die Hagebutte ist eine «Frucht» aus Früchten. Im Stängel, jenem Bereich, in dem normalerweise die verdichtenden Kräfte der Erde wirken, geschieht eine völlige Umwandlung der Substanz. Denn im Reifen befreit sich das Leben aus seiner Verflechtung mit den äußeren Kräften der Natur. Es erreicht durch die Wärme seine höchste, gleichsam geistigste Stufe. Die Kräfte des Reifens werden in der Rose so stark, dass sie in den Stängel eingreifen und hier die Verwandlung zur Frucht bewirken.

Man kann in dem besonderen Charakter der Rose eine Beziehung zur Seelenkraft der Liebe ahnen. Sie wird aber so lange im Bereich der persönlichen Stimmung und der ungeklärten Überzeugung, d. h. ohne den Anspruch auf Erkenntnis, bleiben, bis man durch ein Verfahren der Prüfung das Ungewisse klärt. Wir müssen wieder, wie schon in vielen Fällen, den Blick in die Sphäre des Seelischen lenken. Man kommt, wenn man die Liebe verstehen will, in die innersten Bezirke der Seele. Und alles, was man da erfassen kann, ist vorläufig. Denn die Liebe unterscheidet sich von den anderen Gefühlen.

Nach Carl Gustav Carus «beruht alle höhere Entwicklung, welche die Seele des Menschen überhaupt erreichen kann, urwesentlich auf der Liebe; denn in ihrem tiefsten Wesen ist die Liebe schlechterdings nichts anderes als ein mächtiger, Bewusstes und Unbewusstes durchdringender und bewegender Zug nach Vervollständigung unseres Daseins, nach höchster und seligster Vollendung unserer eigenen Existenz».[30] Etwas Ähnliches kann man wohl von keinem anderen Gefühl sagen. Freude, Trauer, Sehnsucht oder Hoffnung sind Regungen der Seele, die jeder relativ leicht in seinem Inneren, wenn auch mit recht persönlichen Färbungen beobachten kann. Um die Liebe kennenzulernen, muss man in das Zentrum der Seele, «in das Herz der Gefühle» (Carus) dringen, das die Vollendung seiner Entwicklung erst in der Zukunft erreichen wird.

In der Liebe gelangt die Sympathie zu ihrer höchsten Stufe. Sie wird zur Hingabe an ein anderes Wesen. Im Mitgefühl lebt die Seele die Not, das Leid, aber auch die Freude und das Glück des anderen mit. Liebe ist aber mehr als

Mitgefühl. Dieses nimmt Anteil an dem, was ein anderer Mensch oder ein anderes Wesen an Erfahrungen durchlebt und durchleidet; in der Liebe verbindet sich die Seele mit dem anderen Wesen selbst. Liebe keimt auf in der Beziehung zu dem Nächsten, z. B. in der Liebe der Mutter zu ihrem Kind; sie entfaltet sich in der Beziehung zwischen Mann und Frau und weitet sich schließlich zur Menschheit und den Wesen der Natur. Indem die Wärme der eigenen Seele zu dem anderen Menschen strömt, erlebt sie nicht nur dessen Äußerungen. Sie erahnt oder erfasst, was in seinem Wesen noch unentfaltet als höhere Zukunft lebt. Durch die Liebe kann die Seele in einem gewissen Sinne hellsichtig werden. Und so verbindet sich mit der Hingabe ein tiefes Vertrauen in das andere Wesen.

Verliebtsein wird immer wieder neu durch die Erlebnisse erregt. Wenn die Liebe entfacht wird, dann brennt sie als heilige Flamme, wie aus dem inneren Lebensquell der Seele gespeist, über lange Zeit. Man muss in der Seele zwischen verschiedenen Bezirken unterscheiden. Die meisten Gefühle werden durch äußere Eindrücke oder durch Vorstellungen und Gedanken erregt und klingen bald wieder ab. So ist es möglich, dass der Mensch in einem relativ kurzen Zeitraum so verschiedene Gefühle wie Hoffnung, Erwartung, Enttäuschung, Freude und Ärger empfinden kann. Alle diese Gefühle führen zu momentanen Veränderungen im Bereich der Lebensprozesse, vor allem im Atemrhythmus, auch im Herzschlag. Dabei prägen sich Ruhe oder Erregung und Oberflächlichkeit oder Tiefe der betreffenden Gefühle in der Frequenz und Amplitude des Atmens aus; d. h. die Eigenart der Gefühle manifestiert sich in dem rhythmisch verlaufenden Lebensprozess. Es gibt aber auch Gefühle, die als Stimmungen der Seele eine bleibende Färbung verleihen. Bei einem freudig gestimmten Menschen löst schon der geringste Anlass lebhafte Freude aus. Freude lebt hier wie eine Grundschwingung, die bei jeder Gelegenheit mächtig anschwillt. Diese Schwingung ist dadurch entstanden, dass das Gefühl nicht nur für den Moment den Atemrhythmus modifiziert. Es ist ganz in das fortwährend weiterpulsierende Leben eingedrungen und dadurch zu einer bleibenden Eigenschaft geworden. Es lebt nun im Lebensrhythmus und verleiht ihm etwas von seiner Eigenart. Die Liebe ist aber mehr als eine Stimmung. Man hat sie als aktives Gefühl bezeichnet. Lersch weist darauf hin, dass Gefühl und Strebung in der Liebe innig verflochten sind. Liebe ergreift mit ihrer Macht die ganze Seele, und sie «geht ihrem Wesen nach nie zu Ende und [ist] auch noch in der Erfüllung eines erlebten Gefühls als Strebung lebendig».[31] Im Gegensatz zu den Stimmungen wirkt in der Liebe ein machtvoller Impuls, der Impuls, sich an das andere Wesen hinzugeben und dabei das Glück der Seligkeit zu empfinden. In der Liebe kann der Mensch schließlich seinen Besitz, die eigenen Interessen und Bedürfnisse und selbst das Leben hinopfern; er kann in der Hingabe ganz aufgehen.

So ist die Liebe eine Kraft, die verwandelnd und veredelnd die ganze Seele ergreift. Durch sie reifen in der Seele bedeutende Eigenschaften wie Geduld und Treue; Helfen wird zum innigen Bedürfnis bis zur Hingabe des eigenen Wesens. Das ist aber die höchste Kraft, die die Seele erringen kann.

Diese Kraft kann der Mensch nur dann entwickeln, wenn er sich zuvor in sich selbst verankert hat. Das erreicht er dadurch, dass er in der willenshaften Auseinandersetzung mit den niederziehenden Kräften der Schwere, der Gravitation, zum Erlebnis seiner Selbstständigkeit kommt. Nur wenn er das Zentrum seines Wesens erlebt, kann er sich aus diesem Zentrum in Liebe einem anderen Wesen zuwenden.

Wir haben in einigen der vorangehenden Kapitel gesehen, wie sich das Selbstsein der Seele als Bild im Stängel der Pflanze, in dem die verdichtenden Kräfte der Erde empordrängen, manifestiert. In den Bogentrieben der Rose ist die Wirksamkeit dieser Kräfte verstärkt und zugleich zum Hinausstreben in den Umkreis umgelenkt, und zwar bis in die Blätter. Sie verläuft nicht senkrecht in sich selbst, sondern in kraftvoll impulsierter Hingabe an die Umgebung. Hier tritt uns im Rosenstrauch die zuletzt erwähnte Gesetzmäßigkeit entgegen: dass die Liebe nur aus dem Selbstsein der Seele die Kraft des Sich-Hingebens gewinnen kann.

Aus dieser Gebärde erhebt sich dann die Rose in ihren Blütentrieben zu jener innigen Hingabe, die in der Liebe lebt, zu dem selbstlosen Aufgehen in dem anderen. Denn jene Kräfte, die in der Blüte den Fruchtknoten bilden und damit das Bild eines Eigenseins, sind in den Stängel versenkt; die entgegengesetzten Kräfte des selbstlosen Aufgehens aber sind in der Fülle der Staubgefäße gesteigert. Auf dieses Bild der selbstlos liebenden Hingabe folgt dann im Reifen der Hagebutte jener Prozess, in dem sich an einem Spross, der sich aus dem Bereich intensiven Hineinwachsens in die Umgebung erhoben hat, eine völlige Umwandlung aller erdgebundenen Kräfte vollzieht. Die Hagebutten sprechen zu uns von jener Macht, mit der die Liebe verwandelnd in das ganze Wesen eingreift.

Wenn man die Liebe kennenlernt, dann lernt man die Rose als ihre Offenbarung in der Natur verstehen. Nun vollendet aber die Kunst, was die Natur geschaffen hat. Zweifellos ist die Rose eines der bedeutendsten Geschöpfe der Natur; denn in ihr treten deren tiefste Dimensionen in die Erscheinung. Wohl gerade deshalb haben sich Menschen seit mehr als zwei Jahrtausenden bemüht, das innere Wesen der Rose durch die Kunst des Züchters sich noch intensiver offenbaren zu lassen. So sind vor allem die gefüllten Rosen entstanden (s. Farbabb. 25). Die historisch berühmteste unter ihnen, die *Rosa centifolia,* die Hundertblättrige Rose, ist im 16. Jahrhundert aus dem Orient nach Mitteleuropa gekommen. Was erlebt man, wenn sich eine gefüllte rote Rose öffnet? Wenn die Heckenrose aufblüht, dann empfindet man in der Blütenkrone eine starke und zugleich innige Hingabe. Beim Aufblühen der gefüllten Rose ist es, wie wenn sich die Kraft der Hingabe in unerschöpflicher Fülle aus einem geheimnisvollen Zentrum, dem Innersten der Seele, entfalten würde. Man hat einen so tiefen Eindruck, weil man in einem imaginativen Bild etwas wahrnimmt, was im Innern des Herzens geschieht, wenn es in wahrer Liebe erglüht.

DIE SONNENBLUME

Die Blütenpflanzen unserer Vegetation durchlaufen vom Frühling bis zum Herbst drei Phasen der Entwicklung. Beim Sprießen drängen im Stängel vor allem die Kräfte der Erde nach oben, und in den nacheinander sich entfaltenden Blättern vereinigt sich das Leben mit der Atmosphäre und den Kräften des Lichtes. Im Blühen löst sich das Leben weitgehend von den Wirkungen, die die Pflanzenbildung von der Erde aus durchdringen, und gibt sich an die Sonne bzw. an den Kosmos hin. Schließlich befreit sich das Leben von allen äußeren Einflüssen; es wird im Reifen selbstständig, indem es sich in der Frucht- und Samenbildung in sich konzentriert. Diese drei Phasen sind ein großer Rhythmus im Leben der Erde, ein Wechsel von Diastole und Systole, auf den dann im Winter wie beim Atmen eine Pause folgt, bevor die neue Diastole anhebt.

Die einzelnen Familien, Gattungen und Arten sind in recht unterschiedlicher Weise in diesen Rhythmus eingeflochten. Bei einigen steht das Sprießen so im Vordergrund, dass die Verwandlung zum Blühen nur unvollkommen geschieht. Das sind vor allem die Gräser, die Knöterichgewächse und die Gänsefußgewächse; aber auch bei den Kreuzblütlern dringt das Sprießen noch stark in die Region des Blühens hinauf und dämpft die Blütenbildung in charakteristischer Weise ab. Bei anderen erreicht die Pflanzenbildung im Blühen und in der Hingabe an die Sonne den Höhepunkt wie bei den Doldengewächsen, den Glockenblumen und dem Johanniskraut. Die konzentrierenden

Kräfte des Reifens, speziell der Samenbildung, durchwirken z.B. bei den Lippenblütlern die ganze Pflanze – den Spross, den Blütenstand und die Blüten.

Eine eigenartige Stellung in diesem Rhythmus haben die Korbblütler, die in unserer Vegetation artenreichste Familie. An einem Löwenzahn, einer Margerite, einer Arnika oder einer Silberdistel bemerkt man eine besondere Intensität des Blühens. Das Blühen ist aber in einer eigenartigen Weise modifiziert. Im Allgemeinen weitet sich die Pflanze in Blütenständen zu einer offenen Hingabe an Sonne und Kosmos. Bei den Korbblütlern herrscht eine starke Konzentration. Viele kleine in ihrer Bildung eng zusammengezogene Blüten – die Blütenkrone ist zu einem schmalen Kelch verwachsen, die Staubbeutel zu einer Röhre – stehen in den Blütenkörbchen dicht gedrängt nebeneinander. Oft sind sie von einem Kranz strahlenförmiger Blüten, den sogenannten Zungenblüten, wie von einer Blütenkrone umgeben. Bei einer größeren Margerite waren in einem Blütenkörbchen 425 gelbe Röhrenblüten und 33 weiße Zungenblüten versammelt. Das ist ein mächtiger Blütenstand, der in seiner Entfaltung vollständig gehemmt wurde. Die Stauung ergreift sogar einen Teil des grünen Sprosses; denn der Hüllkelch, der das Blütenkörbchen vor dem Aufblühen wie sonst der Kelch die einzelne Blüte umschließt, entsteht aus einer ganzen Anzahl von Blättern; bei unserer Margerite waren es 48 Blätter.

Im Entstehen einer Korbblüte wirken demnach zwei Prozesse zusammen: ein machtvoll gesteigertes Blühen und eine intensive Konzentration. Die konzentrierenden Kräfte, durch die sonst nach dem Abblühen Früchte und Samen entstehen, greifen bei den Korbblütlern schon im Stadium des Blühens in die Pflanzenbildung ein. Bei den Korbblütlern beginnt bereits im Blühen das Reifen. So blühen die meisten unserer Korbblütler zwischen Juli und September, wenn in der Natur das Blühen abklingt und das Reifen der wichtigste Prozess ist. Es gibt allerdings auch Korbblütler, die schon früher, vor allem im Hochsommer, blühen. Bei vielen von ihnen sind die konzentrierenden Kräfte schwach. So sind alle Blüten der Blütenkörbchen strahlenförmig wie bei dem Löwenzahn, dem Bocksbart, den verschiedenen Habichtskräutern und Pippau-Arten. Bei den charakteristischen Korbblütlern des späten Sommers und frühen Herbstes wie dem Sonnenhut, den Astern, den Dahlien und Zinnien bemerkt man sogar an den Farben die konzentrierenden Kräfte des Reifens: an die Stelle der leuchtenden Farbigkeit tritt eine gedämpfte, «dichtere» und pastellartige Tönung.

Am eindrucksvollsten erscheint das Reifen im Blühen aber an den mächtigen Blütenkörben der Sonnenblume *(Helianthus annuus)*. Die satt gelben Zungenblüten umgeben wie ein Strahlenkranz die Fülle der Scheibenblüten, deren warme bräunliche Farbe ein Bild der im Reifungsprozess wirkenden Austrocknung und Verdichtung ist. Man erlebt, wie sich Sonnenwärme in einem Substanzprozess konzentriert.

Die Sonnenblume ist unter den Korbblütlern eine herausragende Erscheinung. In drei Monaten entwickelt sich aus dem Samen eine Pflanze von eineinhalb bis zwei Meter Höhe; bisweilen wird sie sogar über vier Meter hoch. In dem kraftvollen Stängel – er erreicht die Dicke eines Armes – und den großen einfachen Blättern äußern sich Kräfte, die mit großer Dynamik in die räumliche Entfaltung drängen. Das Wachstum und die Bildungsprozesse sind von einer Vitalität impulsiert, die das Leben in den anderen einjährigen Kräutern weit übertrifft. Diese Vitalität mündet in die Bildung des Blütenkorbes ein. Der Stängel weitet sich zu einer Scheibe, die nicht selten einen Durchmesser von 30 Zentimetern erreicht. An ihrem Rande bildet eine große Anzahl grüner schuppenförmiger Blätter in zwei bis drei Reihen den Hüllkelch. Auf dem Blütenboden ordnen sich mehr Scheibenblüten als bei allen anderen Korbblütlern in dichten Spiralen an. Bei einer Sonnenblume mit einem Durchmesser von 14 Zentimetern waren es 1116, umgeben von 48 Zungenblüten; der Hüllkelch bestand aus 64 Blättern. Wir wollen die Entwicklung in knappen Zügen skizzieren.

Nach dem Keimen im April oder Anfang Mai ist das Wachstum für einige Wochen im Boden stärker als im freien Raum darüber. Die Sonnenblume hat eine intensive Beziehung zu den Gravitationskräften der Erde. So entsteht eine Pfahlwurzel, die unter günstigen Bodenverhältnissen in zwölf Tagen eine Tiefe von knapp 80 Zentimetern erreichen kann. Das mehr oberflächliche Wurzelwerk breitet sich bis zu einem Radius von 60 Zentimetern aus. Die Verbindung mit der Erde nimmt aber noch weiter zu; die Pfahlwurzel kann mehr als zweieinhalb Meter tief in den Boden eindringen.

Wenn sich am Spross etwa zehn Blätter voll entfaltet haben und in der Sprossspitze die Blütenknospe erscheint, beginnt die vertikale Entfaltung mit voller Intensität. Die Kräfte der Erde, mit denen sich die Sonnenblume so intensiv vereinigt, drängen nun machtvoll in die Höhe. Die Pflanze entzieht dem Boden beträchtliche Mengen an Wasser und Salzen, vor allem Kalisalz, die sie für ihr starkes Wachstum benötigt. Der Stängel wird als dünner Stamm zum kraftvollen Zentrum des Sprosses. Die Blätter erreichen nun ihre volle Größe. Mit ihren breiten Spreiten wenden sie sich etwas zur Sonne und folgen ihrem Gang von Osten nach Westen. Stängel und Blätter wirken, wenn man

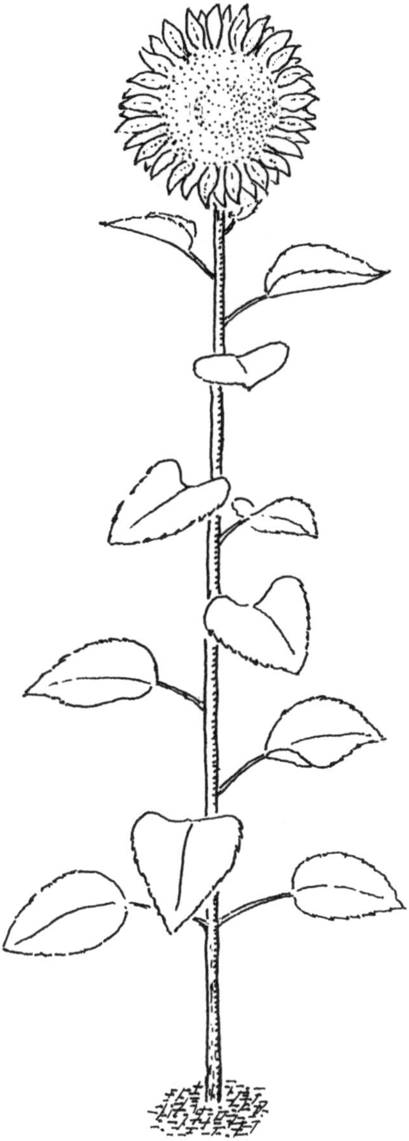

Sonnenblume (Helianthus annuus).

Blütenstand einer Sonnenblume
(aus Hegi, Illustrierte Flora von Mitteleuropa, 6. Band, 1. Teil).

sie anfasst, trocken; es ist, wie wenn die Wärme mit ihren ausdörrenden Kräften schon im sprießenden Leben das spätere Reifen vorbereiten würde. Schließlich erhebt sich die mächtig anschwellende Blütenknospe über die Blätter, wendet sich zur Seite und blüht von der Peripherie her auf. Und nun kann man das Ungewöhnliche des Blühens bemerken.

Die vitale Lebensenergie metamorphosiert sich in die Fülle des Blühens (s. Farbabb. 26). Im Spross, vor allem in der Bildung des Stängels, war sie von den verdichtenden Kräften der Erde durchdrungen. Das setzt sich fort, denn der Blütenboden ist ja nichts anderes als der flächig ausgeweitete Stängel. An diesen sind die Blüten gleichsam gefesselt. Die Hingabe an die Sonne, die sonst das Blühen charakterisiert, ist bei der Sonnenblume wie in das Gegenteil verkehrt. Die Blüten lösen sich nicht in einem lockeren Blütenstand von der zentralen Achse zum Umkreis, sondern werden gerade an ihr konzentriert. Diese Gebärde des Blühens muss man entziffern, wenn man die Sonnenblume physiognomisch verstehen will.

Bevor wir uns dieser Aufgabe zuwenden, wollen wir den Entwicklungsgang noch bis zu seinem Ende verfolgen. Wo die Hingabe an die Sonne im Blühen so radikal unterdrückt wird, erscheint es verständlich, dass der Blütenkorb sich nicht nach oben zum Kosmos wendet, sondern sich der Umgebung präsentiert. Zunächst besteht aber noch eine lebendige Beziehung zur Sonne, indem der Blütenkorb ihrem täglichen Gang folgt. Deshalb nennen die Franzosen die Sonnenblume *tournesol*, die Italiener *girasol*. Auf dem Höhepunkt des Blühens erlischt diese Beweglichkeit. Nun wenden sich die vielen Blütenkörbe eines Sonnenblumenfeldes alle nach Südosten, in die Richtung der am Vormittag zur Tageshöhe aufsteigenden Sonne. Die letzte Phase der Entwicklung hat in den peripheren Bereichen des

Blütenkorbes begonnen, die Zentrierung des Lebens nach innen in dem nun endgültigen Reifen. Die Kerne, in denen sich jetzt das Öl bildet, sind keine Samenkörner, sondern Früchte, die unter dem Einfluss der zentrierenden Kräfte, von denen die Rede war, samenähnlich werden. Wenn sie nach einigen Wochen herangereift sind und den schwer hängenden Korb erfüllen, gewinnt man den Eindruck, dieser Korb sei eine reife Frucht, in der die «Samenkörner» nicht in einem geschlossenen Innenraum geborgen sind, sondern offen daliegen.

Wir haben in den vorangehenden Kapiteln einige Pflanzen betrachtet, bei denen der Stängel im Ganzen der Bildung eine beherrschende Stellung hat: die Nelken, den Fingerhut und die Königskerze. Physiognomisch ist der Stängel ein Bild jener Kraft der Seele, durch die sie ihre Zentrierung im Selbsterleben erfährt. Dieses Prinzip tritt bei der Sonnenblume besonders kraftvoll in Erscheinung, zunächst in ihrem Stängel, dann im Blütenboden des Blütenkorbes. Bei Fingerhut und Königskerze gliedern sich die Blüten in den schmal aufstrebenden Blütenständen eng an den Stängel an. Bei der Sonnenblume sind sie aber nicht nur dicht um den Stängel versammelt, sondern ganz an ihn gebunden, d. h. auf das stärkste von dessen zentrierender Kraft ergriffen. Die Vitalität der Sonnenblume konzentriert sich in dem prachtvollen Blütenkorb. So entsteht ein Blühen von unvergleichlicher Intensität. Es wendet sich aber völlig selbstbezogen der Umgebung zu.

Was spricht sich in diesen Bildungsprozessen physiognomisch aus? In der Hingabe der Seele an ein Höheres und im Bemühen, sich mit ihm tätig zu vereinigen, wirken starke Kräfte des Strebens. Was wird aus ihnen, wenn sie nicht selbstlos tätig sind, wenn nicht das Ziel im Vordergrund steht, sondern das eigene Selbst? Dann werden sie zum Leistungsstreben des Ehrgeizes. Ehrgeiz ist eine der bedeutendsten Regungen unter den selbstsüchtigen Seelenkräften. Ist ein Mensch von Ehrgeiz beseelt, dann bemüht er sich aus der vollen Kraft seiner Persönlichkeit. Er steigert seine Energien auf das Höchste, um sein Werk glanzvoll zu beenden; es soll zu einer bedeutenden Erscheinung werden und eine hohe Vollkommenheit erreichen. Ehrgeiz ist eine mächtige Triebkraft. Es wird alles eingesetzt, um den Durchschnitt unter sich zu lassen. Das ist aber nur zu erreichen, indem die innersten Kräfte zur Tätigkeit angespornt werden.

Wenn der Mensch die gleichen Kräfte selbstlos handhabt, dann geht er in der Hingabe an sein Werk auf. Im Ehrgeiz wirkt aber nicht die Liebe zur Sache, sondern Liebe zu sich selbst. Das Werk wird nicht seiner selbst wegen geschaffen, sondern um des Ansehens und der Anerkennung willen. Das Bemühen, mit dem der Mensch über die Enge der eigenen Persönlichkeit hinauswachsen könnte, dient der Verstärkung des Selbsterlebens. Durch den Ehrgeiz steigern sich die inneren Kräfte der Seele. Was an innerem Reichtum entsteht, führt aber nicht in eine wirkliche Vertiefung, es drängt nach außen. Es hätte für den Ehrgeizigen keinen Sinn, wenn er seinen Reichtum nicht der Welt präsentieren könnte und wenn die Umgebung sich nicht davon beeindrucken ließe. Der Ehrgeiz ist «nicht auf Wirken, sondern auf Wirkung bedacht».[32]

Ehrgeiz ist also charakterisiert durch

- höchste Steigerung der inneren Kräfte im Bemühen um eine herausragende Leistung
- den Drang, andere zu übertreffen
- selbstbetontes Sich-Hineinstellen in die Umgebung und selbstsüchtiges Präsentieren der eigenen Leistung und der eigenen Bedeutung.

Wenn diese Dynamik mit ihren Gebärden die Lebens- und Bildeprozesse der Pflanzen durchwirkt, dann werden sie machtvoll impulsiert. Es entstehen ein hoch aufstrebender, stark in sich zentrierter Spross und ein gesteigertes Blühen. Der selbstsüchtige Charakter des Strebens manifestiert sich als Konzentration dieses Blühens zu einem Blütenkorb; und der Drang, die eigene Bedeutung zu präsentieren in der Pracht dieses Blütenkorbes, die in der Umgebung weithin sichtbar ist. So kann man mitvollziehen, wie Ehrgeiz in der Pflanzenwelt zur Physiognomie wird und «in der Sonnenblume ein Bild kraftstrotzenden Lebens, von Selbstständigkeit, von Ehrgeiz»[33] erfassen.

Dieser Charakter der Sonnenblume äußert sich auch in der eigentümlichen Durchdringung von Blühen und Reifen. Sonst löst sich die Pflanze bei ihrer Verwandlung zum Blühen, wie wir das mehrfach erwähnt haben, weitgehend von den irdischen Einflüssen. Auf die Hingabe an die Sonne im Blühen folgen dann Frucht- und Samenbildung. In der Sonnenblume aber drängen die Lebensprozesse zum Reifen, bevor sich die Pflanze im Blühen an die Sonne hingeben kann. So entstehen die Früchte in einem Prozess, dem jede selbstlose Nuance fehlt. Auch das ist Physiognomie: Ehrgeiz erstrebt die Früchte nur für sich.

BILDER DES SOMMERS UND HERBSTES

Hahnenfuß – Johanniskraut – Doldengewächse – Eisenhut – Herbstzeitlose

Jedes lebendige Wesen ist in einen größeren Naturzusammenhang eingebettet – das höhere Tier in seinen Lebensraum, die höhere Pflanze in die besonderen Verhältnisse, die an ihrem Standort herrschen. Eine Pflanze oder ein Tier für sich sind Abstraktionen fernab von der Natur. Will man eine bestimmte Pflanzen- oder Tierart begreifen, muss man immer auch erfassen, wie sie in ihrer Bildung mit der umgebenden Natur verflochten ist. Dieses Verflochtensein hat bei den Pflanzen einen anderen Charakter als bei den Tieren. Es ist viel intensiver. Das Wachsen des Stängels ist durchwirkt von der Gravitation, die Bildung der Blätter von den Kräften der Luft und des Lichts. An keiner Stelle sondert sich die Pflanze so von der Umgebung ab wie das höhere Tier durch seine Haut, nicht einmal in ihren Früchten. Das Tier ist nach einer Bemerkung Goethes «eine kleine Welt, die um ihrer selbst und durch sich selbst da ist».[34] Das kann man von keiner einzigen Pflanze sagen. Der Unterschied ist aber noch tiefgreifender.

Die höhere Pflanze wurzelt im Boden und wächst aus ihm hervor. Sie erscheint dem naiven Bewusstsein wie ein Glied der Erde. Diese Meinung erweist sich auch bei genauerer Betrachtung als zutreffend. Die Pflanze beginnt mit ihrer Entwicklung, wenn sie unter dem Einfluss von Feuchtigkeit und Wärme keimt, d. h. wenn sie sich durch die Wurzel mit der Erde verbindet. Aus sich selbst wird kein Samenkorn zur Pflanze. Unerlässliche Bedingung für die Entwicklung ist die Vereinigung mit der Erde wie beim Tier die Befruchtung der Eizelle durch die Samenzelle. Der Vorgang der Keimung ist dem der Befruchtung durchaus analog. Wir wollen nicht erörtern, inwieweit man bei der Keimung auch ein mehr männliches und ein mehr weibliches Prinzip unterscheiden kann, sondern auf die Tatsache hinweisen, dass Pflanze und Erde eine Einheit sind. Denn wenn sich etwas aufgrund der Vereinigung mit einem anderen entwickelt, gehört es untrennbar mit ihm zusammen. Nicht nur die einzelne Pflanze, sondern die ganze Pflanzenwelt ist Teil der Erde. Man muss deshalb den heute üblichen Begriff von Erde erweitern. Die Erde ist nicht das tote Gebilde aus Gestein, Gewässern und Atmosphäre. Zur Erde selbst gehören wie die Gesteine auch die Pflanzen. Die Erde ist in einem Teil ihres Wesens, in der Pflanzenwelt, lebendig.

Durch ihr Leben in der Pflanzenwelt steht die Erde mit ihrer Umgebung, dem Kosmos, in anderer Beziehung als durch die Gesteine und Gewässer. Denn die Pflanzenwelt entwickelt sich nur aus ihrer Beziehung zur Sonne. So steht die Erde durch die Pflanzenwelt mit der Sonne in inniger Verbindung.

Hieraus ergibt sich nun ein wichtiger Gesichtspunkt für eine sachgemäße Behandlung der Pflanzenwelt. Man hat vor allem die vielfältige Beziehung der Erde zur Sonne ins Auge zu fassen, z.B. die Veränderungen der Vegetation im Laufe eines Jahres und die Modifizierung dieser Veränderung in den verschiedenen Lebensräumen, die die Ökologie als Ökosysteme beschreibt. In der Pflanzenwelt herrscht unentwegt Werden und Vergehen. Bestimmte Pflanzenformen erscheinen, während andere verschwinden. Im Frühling findet man viele blühende Zwiebelgewächse, im Spätsommer und Herbst erreichen Korbblütler und Lippenblütler den Höhepunkt ihrer Entfaltung. Will man die lebendige Natur verstehen lernen, dann muss man dieses Werden und Vergehen in seinem Zusammenhang mit der wechselnden Beziehung der Erde zur Sonne eingehend betrachten.

Wir wollen aus diesem vielfältigen und weit gespannten Geschehen einige Pflanzen herausgreifen, an denen man verfolgen kann, wie sich die Beziehung der Erde zur Sonne vom Sommer bis zum späten Herbst verändert. Würden wir die wenigen Pflanzen um weitere ergänzen, so würde das Bild selbstverständlich reicher und differenzierter. Wir beginnen nicht mit dem Frühling, weil wir bereits in vorangehenden Kapiteln auf einige charakteristische Pflanzen dieser Jahreszeit eingegangen sind.

Zu den Pflanzen, die das Bild der frühsommerlichen Wiesen bestimmen, gehört der Hahnenfuß, insbesondere der Scharfe Hahnenfuß *(Ranunculus acer;* s. Farbabbb. 27). Der Sonne, die im Mai und Juni mit ihrem Licht die Natur schon intensiv erfüllt, antwortet von der Erde aus das leuchtende Gelb der Hahnenfußblüten. Die Hahnenfußpflanzen haben bis zu diesem Höhepunkt ihrer Entwicklung einige charakteristische Stadien durchlaufen. Im Frühling entsteht zunächst am Boden eine Rosette. Wie bei den Primeln und dem Löwenzahn wirken in der Pflanze noch nicht jene Kräfte, durch die sie im Stängel der Sonne entgegenwächst. Anders jedoch als bei den Primeln, wo die Rosettenblätter eng an ihr gemeinsames Zentrum gebunden sind, tragen lange Stiele die Blattspreite in die Umgebung; und hier treten die Blätter mit ihrer handförmigen Aufgliederung in eine offene Beziehung zum Umkreis.

In diesem Frühlingszustand kündigt sich die weitere Entwicklung an, in der sich die Pflanze von ihrer Fesselung an

Scharfer Hahnenfuß (Ranunculus acer) während der Entfaltung des Blütenstandes.

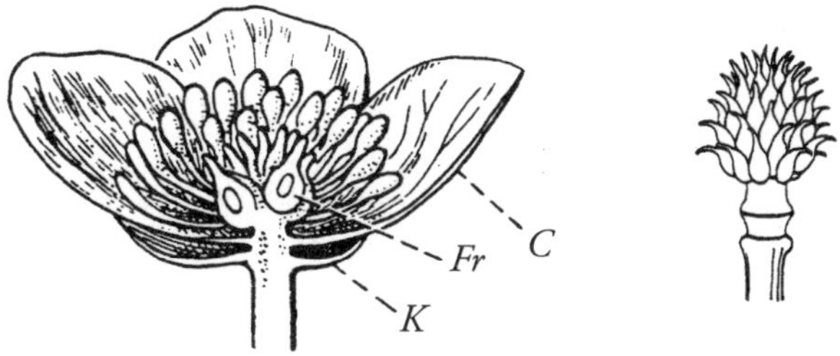

Blüte eines Hahnenfußes im Längsschnitt;
K = Kelchblatt, C = Blütenblatt, Fr = Fruchtknoten,
aus dem eine Einzelfrucht des Fruchtstandes wird (links)
(aus Graf, Tafelwerk zur Pflanzensystematik).
Fruchtstand eines Hahnenfußes (rechts).

den Boden befreit. Der Spross entwickelt sich in einem sehr lebendigen Prozess. Im Stängel werden die Abschnitte zwischen den Blättern recht lang; in der Blattbildung vollzieht sich eine rasche Verwandlung zu einfacheren Formen. Die Pflanze strebt in dieser Metamorphose intensiv dem Blühen entgegen. Dann weitet sie sich zu einem lockeren und leichten Blütenstand. Hier bilden sich die Blüten als offene Schalen der Hingabe an die Sonne. Ihr leuchtendes Gelb spricht aus, was das ganze bisherige Wachstum charakterisiert: ein lebendiges, offenes Hinaus- und Hinaufstreben.

Diese Gebärde findet man auch im Innern der Blüte. Hier entsteht eine größere Anzahl von Staubgefäßen, in denen die Pflanze über sich hinausgeht – in der zentrifugalen Form und der Verstäubung. Besonders eindrucksvoll zeigt es sich in der Fruchtbildung. Normalerweise schließen sich im Zentrum der Blüte mehrere Fruchtblätter zum Fruchtknoten zusammen. Anstelle dieser in sich zentrierten Bildung entstehen beim Hahnenfuß aus den einzelnen

Fruchtblättern viele kleine Früchte – insgesamt sind es etwa dreißig. Sie bilden zusammen einen Fruchtstand, der sich bei der Reife auflöst.

So durchzieht ein Bildungsgesetz die ganze Entwicklung. Es wirkt in dem Hinstreben und Sich-Öffnen zur Umgebung und in der Hingabe an die Sonne. – Was sich im Hahnenfuß in dieser Weise an die Umgebung und die Sonne hingibt, ist ein Geschehen im Leben der Erde.

Im Mai und Juni findet man allenthalben blühende Hahnenfußarten. Noch vor dem höchsten Stand der Sonne haben sie ihre reichste Entfaltung. Diese klingt dann allmählich ab. Noch auf den Herbstwiesen blühen bisweilen einige Pflanzen vor allem des Scharfen Hahnenfußes.

Ganz in jene Zeit, in der die Sonne am machtvollsten wirkt, gehört das Johanniskraut *(Hypericum perforatum;* s. Farbabb. 28). Es blüht von Johanni bis in den August. Man findet es dort, wo die Sonne ungehindert die Erde erreicht, an Wegrändern und trockenen Hängen, aber auch in lichten Wäldern und Gebüschen.

Das Johanniskraut ist wie kaum eine andere unserer Pflanzen in seinen Lebensprozessen von der Sonne durchwirkt. Sein Stängel verholzt rasch unter dem ausdörrenden Einfluss ihrer Wärme. Die Blätter sind eng an den Stängel gebunden. Ihre elliptische Spreite bleibt ziemlich klein. Was das sprießende Sich-Ausweiten hemmt, ist wie im Stängel ein starkes Wirken der Wärme. Dieses führt auch zur Bildung von ätherischem Öl, das sich an den hell durchscheinenden Stellen sammelt. So kommt es nicht zu der extensiven Entfaltung und Verwandlung, die in der Blattbildung des Hahnenfußes so charakteristisch ist. Der einfachen Form entspricht auch die gegenständige Anordnung der Blätter, in der sich die Blattstellung der Keimblätter unentwegt wiederholt.

Johanniskraut (Hypericum perforatum),
Spross und Blütenstand im Anfang seiner Entwicklung
(aus Hegi, Illustrierte Flora von Mitteleuropa, 5. Band, 1. Teil).

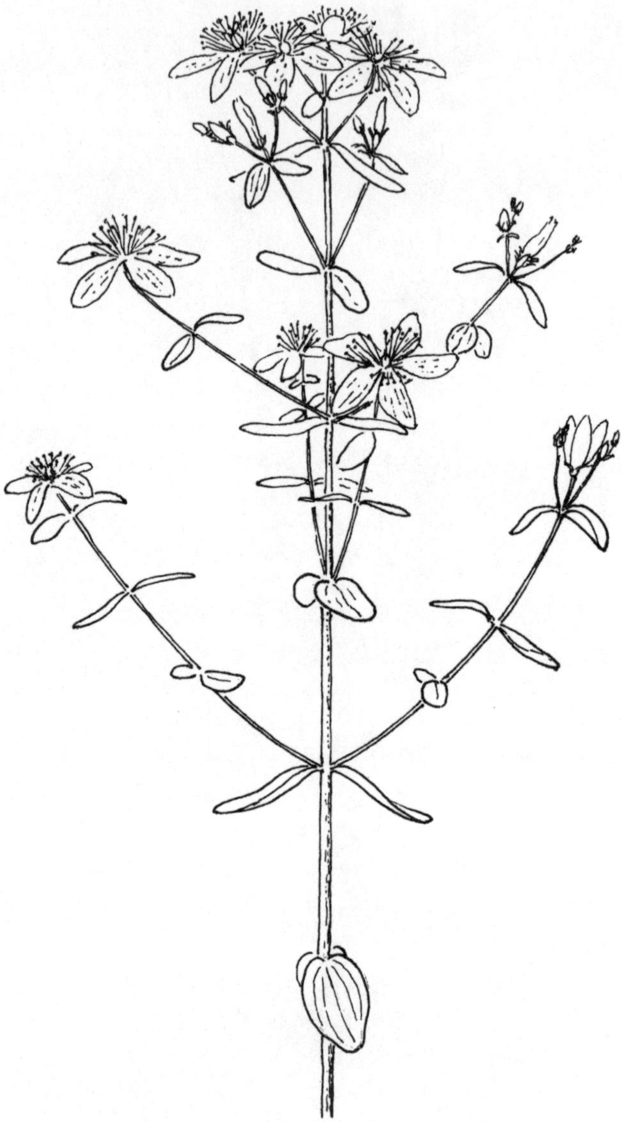

Johanniskraut – oberer Teil des Sprosses und Blütenstand.

Blütenkrone des Johanniskrautes – etwas schematisiert.

In dieser Weise entsteht ein steifer, monotoner Spross. Umso eindrucksvoller entfaltet sich das Johanniskraut dann im Blütenstand. An seinen Seitentrieben wiederholt sich zunächst das Bildungsgesetz des Hauptsprosses. Es bilden sich nacheinander einige Blattpaare und dann eine Blüte. Aus den beiden Achseln des letzten Blattpaares entspringen neue Triebe, die ebenfalls bald in einer Blüte enden. Von nun an entsteht aber nur noch aus einer der beiden Blattachseln ein neuer Trieb, jeweils um 90° gegenüber dem vorangehenden versetzt. So strebt das Blühen spiralig von Blüte zu Blüte der Sonne entgegen.

Die Blüten sind in einem hohen Grade ungewöhnlich. Sie öffnen sich mit ihren zarten, gelben Blütenblättern, so weit es überhaupt geht, in der Gebärde eines völligen Hingegebenseins. Aus ihnen bricht eine große Anzahl von Staubgefäßen hervor (bisweilen mehr als sechzig). Die zentrifugale Tendenz ist beim Johanniskraut besonders intensiv. Die Staubfäden sind gelbe Strahlen. Der zersprühende Charakter ist dadurch aufs Höchste gesteigert, dass sie nicht einzeln stehen, sondern in drei Büscheln, die von einem Zentrum aus in den Umkreis hinausstrahlen. Dem entspricht die auf-

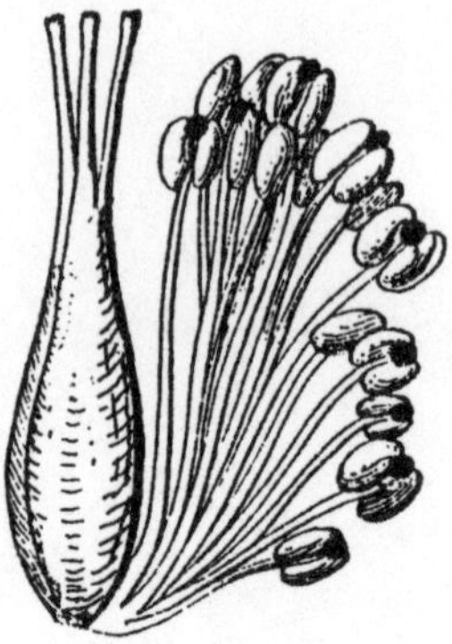

Johanniskraut – Fruchtknoten mit den noch nicht entfalteten Narbenästen und eines der drei Staubgefäßbündel (aus Hegi, Illustrierte Flora von Mitteleuropa, 5. Band, 1. Teil).

fallend reiche Pollenbildung in den kleinen Pollensäcken an der Spitze der Staubfäden. In den Staubgefäßen erreicht die Wärme ihre höchste Wirksamkeit im Leben der Pflanzen. Sie dörrt das feuchte Gewebe in den Pollensäcken so stark aus, dass es in den trockenen Blütenstaub zerfällt.

So ist die Wärme in der Entwicklung des Johanniskrautes die wichtigste Naturkraft. Und unter den verschiedenen Bildungsprozessen spricht sich der Charakter des Johanniskrautes am reinsten in dem der Staubgefäße aus. Seine von der Erde wegstrebende zentrifugale Tendenz manifestiert sich in der ganzen Pflanze: in dem Blütenstand, der über dem engen Spross so intensiv der Sonne entgegenstrebt, und in den Blütenkronen. Deren Blätter sind asymmetrisch. Dadurch entsteht der Eindruck, als ob sie sich in drehender Bewegung in den Umkreis hinausbewegen würden. Und im Zentrum der Blüte teilt sich am Stempel der Griffel in drei Narbenäste, die nach drei Richtungen des Raumes auseinanderstreben.

Im Johanniskraut durchglüht die Sonne die Erde in ihrem Leben. Hier geht das Leben der Erde schließlich ganz in der inneren Verbindung mit der Sonne auf.

Auch in anderen Pflanzen gibt sich die Erde im Hoch- und im Spätsommer intensiv an den Kosmos hin. Zu ihnen gehören die Wilde Möhre *(Daucus carota;* s. Farbabb. 29), der Dill *(Anethum graveolens)* und eine ganze Anzahl weiterer Doldengewächse. Wir beschränken uns auf wenige Bemerkungen. Diese Pflanzen wachsen intensiver als die meisten anderen Kräuter in die Höhe. An ihrem Stängel entspringen die Blätter in ziemlich großen Abständen. Dadurch wirkt die ganze Pflanze offener als der Hahnenfuß und das Johanniskraut. Die Blätter teilen sich oft so stark auf, dass sie einem kleinen Ast mit Nebenzweigen gleichen. Dadurch lösen sie sich intensiv in die Atmosphäre auf. An der Spitze des Zentralsprosses und der Seitenachsen entfalten sich dann eindrucksvoll die Blütenstände. Sonst entstehen die Seitentriebe des Blütenstandes nacheinander an der Achse. Beim Doldengewächs entspringen sie hoch über dem Erdboden aus einem gemeinsamen Zentrum. Jene mächtige Hemmung des Sprießens, die sonst erst in der Bildung der Blütenhülle wirksam wird, ergreift die Pflanze schon im Blütenstand. So bekommt der Blütenstand als ganzer einen blütenhaften Charakter. An seinem Grund entsteht vielfach aus mehreren, zumeist einfachen Blättern eine Art Kelch, die sogenannte Hülle. Von hier dringen die Doldenstrahlen wie zersprühend zur Himmelssphäre hinaus. An ihrer Spitze wiederholt sich dieses Hinausstrahlen zum Umkreis ein zweites Mal.

Dieses Blühen ist ein Aufgehen in der Hingabe an den Kosmos. Es bereitet sich in dem kraftvoll aufstrebenden Spross und seinen Blättern vor, in denen die Pflanze ja auch in der von der Sonne durchstrahlten Atmosphäre aufgeht.

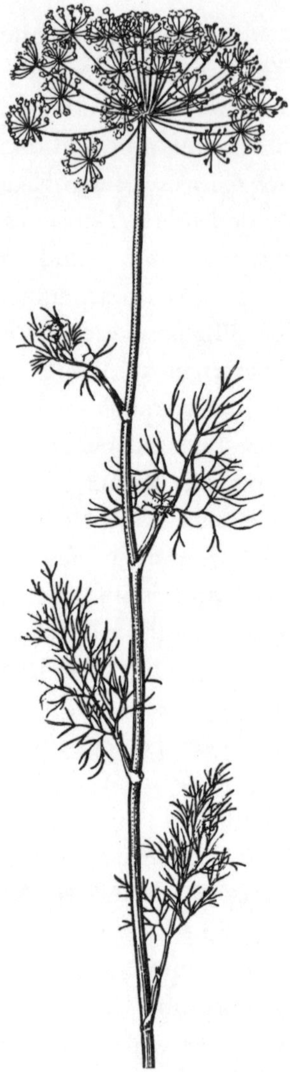

Dill (Anethum graveolens) –
oberer Teil des Sprosses mit Blütenstand
(aus Hegi, Illustrierte Flora von Mitteleuropa, 5. Band, 1. Teil).

Das Bemühen, eine Pflanze in ihrer Bildung zu erfassen, führt zu der Einsicht, dass ein einheitliches Gesetz ihre ganze Entwicklung bestimmt und den Formen ihren eigentümlichen Charakter verleiht. Wer Pflanzen anschaut und nicht ihr Bildungsgesetz entdeckt, kennt nur die Erscheinung, nicht aber ihr Wesen. So bleibt auch die Erde in einem ihrer wesentlichen Aspekte unverstanden.

Nun ist bei unserer Betrachtung die morphologische Charakterisierung in eine physiognomische übergegangen. Denn was in den Doldengewächsen sichtbar wird, ist Ausdruck höchster Hingabefähigkeit. Dies ist nicht von uns in die Pflanze hineingelegt und nur Ausdruck einer innerseelischen Reaktion wie beim Gefühl des Gefallens. Es ist Resultat einer Methode, die nicht bei der additiven Aufzählung der Merkmale stehenbleibt, sondern, einem Hinweis Goethes folgend, vom äußeren Wahrnehmen der Gestalt durch tätiges Nachvollziehen der Formen in deren Bildung eindringt.

Hierbei kann man bemerken, dass eine Pflanze nicht in dem aufgeht, was man an ihr morphologisch erfasst. Nicht immer aber mündet die morphologische Betrachtung so unmittelbar in die physiognomische ein. Wenn man das Bildungsgesetz einer Pflanze wie beim Scharfen Hahnenfuß oder dem Johanniskraut erkennt, erlebt man allerdings, dass sich durch die ganze Pflanze auch etwas Seelenhaftes wie in einer geronnenen Gebärde äußert. Diese Gebärden kann man entziffern. Dann dringt man in eine tiefere Schicht der Natur ein und in eine tiefere Dimension in der Beziehung der Erde zur Sonne.

In dem offenen Sich-Weiten und der Hingabe an die Sonne begegnet man beim Scharfen Hahnenfuß der Gebärde von Sympathie. Man muss also das weite Feld der sympathisch getönten Seelenregungen studieren, wenn man konkret erfassen will, was sich im Hahnenfuß äußert.

Im Behagen und im Gefühl der Zufriedenheit lebt die Sympathie abgeschlossen von der Umgebung in sich. In der Freude öffnet sie sich zur Welt. Sie wendet sich dem zu, was ihr in der Welt an Schönem und Edlem entgegenkommt. Dem strebt sie entgegen. Dabei löst sie sich von allem Engen und Schweren. Sie wird leicht und verbindet sich in innerer Hingabe mit dem Schönen und Edlen. Dabei fühlt sie sich durch das, was sie erlebt, bereichert und beschenkt. Und es regt sich in ihr das Bedürfnis, der Welt etwas zurückzuschenken. So lebt in der Freude zusammen mit der Hingabe und dem Sich-verbunden-Fühlen mit der Welt eine selbstlose Tendenz. Sie äußert sich besonders schön in der schenkenden Freude von Kindern.

Wenn der Mensch Freude empfindet, dann lebt seine Seele in diesen inneren Bewegungen und Gebärden. Die gleichen Gebärden und Bewegungen treten ihm in der Entwicklung des Hahnenfußes entgegen, zunächst das Sich-Befreien aus der Enge und der Schwere in den Blättern der Rosette und dem lebendig emporstrebenden Spross. Das Sich-Weiten in der Hingabe an das Edle und Schöne findet er in dem Blütenstand und in der Form, mit der sich die Blüten der Sonne zuwenden, auch ihrem leuchtenden Gelb. Die Geste der schenkenden Tendenz spricht sich in dem offenen, bei der Reife sich auflösenden Fruchtstand aus. In der Seele ist Freude innere Bewegung. Im Hahnenfuß wird diese Bewegung zur Form. Sie wird im Medium der Lebens- und Bildungsprozesse äußere Gebärde.

Auch im Johanniskraut äußert sich eine Gebärde von Sympathie, vor allem im Blütenstand und in den Blüten. Sie unterscheidet sich aber deutlich von dem Ausdruck der Freude beim Hahnenfuß. Die sympathische Beziehung zur Welt kann sich steigern, wenn sie, von Wärme durchglüht, sich an ein Höheres hingibt. Sie wird dann zur Begeisterung. Wärme lebt auch im selbstsüchtigen Empfinden von Lust. Sie kann sich aus der Bindung an das Irdisch-Materielle herausheben, indem sie sich dem Geistigen zuwendet, ihm entgegenstrebt und sich schließlich von ihm ergreifen lässt. Dabei weitet sich die Seele mehr und mehr. Ihre innere Wärme entzündet sich nun am Licht des Geistes. Dabei geht sie über ihr Eigensein hinaus. Die selbstlose Glut ihres Innern strahlt hinaus in das Licht und verbindet sich mit ihm.

Was man in der Seele als Begeisterung kennenlernt, findet man draußen im Johanniskraut wieder. Man muss allerdings zu einer klaren inneren Anschauung der Begeisterung gekommen sein. Dann entdeckt man, wie ihr das Johanniskraut in seiner Bildung entspricht: in der Form, wie es sich im Spross intensiv aus dem Bereich des Irdisch-Stofflichen heraushebt; in der Art, wie es im Blütenstand immer weiter der Sonne entgegenstrebt; in seinen Lebensprozessen, die von Anfang an stark mit der Sonne verbunden sind; und schließlich in der völligen Hingabe der Blütenkrone und dem wärmedurchglühten Hinausstrahlen der Staubgefäße in den Raum des Lichtes.

So hellen sich die physiognomischen Eindrücke, die man an der Pflanzenwelt des Sommers gewinnt, allmählich auf. Man gewahrt, wie sich bestimmte Seelengebärden in den Bildungsprozessen manifestieren. Immer durchwirkt Seelisches das äußere Leben und geht dabei in ihm auf. Es wird im Medium des Pflanzenlebens zu einer besonderen Art der Physiognomie.

So erscheint im Mai in der Pflanzenwelt das Bild von Freude, im Juni das Bild von Begeisterung und das Bild des Hingegebenseins an den Kosmos. Wenn man dies nicht nur ahnt, sondern bewusst erlebt, lernt man die Erde zum zweiten Mal in neuer Weise kennen. Man erfasst, dass in den Hahnenfußpflanzen, im Johanniskraut und verschiedenen Doldengewächsen das Leben der Erde von diesen Seelenregungen durchdrungen ist. Es wird einem bewusst, dass sich zusammen mit dem Leben auch Seelisches von der Erde zum Kosmos wendet. Auch dieses Seelische gehört zur Erde. Es ist ein Teil ihres Wesens wie das tote Gestein, die Gewässer, die Atmosphäre und das Leben der Pflanzenwelt. Die Erde enthält in ihrem Wesen Totes, Lebendiges und Seelisches. Man lernt neu sehen, was der Sommer ist: Hingabe der Erde an die Sonne und den Kosmos in Freude, in Begeisterung und innerem Aufgehen.

Die Beziehung der Erde zur Sonne ist in den verschiedenen Lebensräumen recht unterschiedlich. Im Innern unserer Wälder ist sie stark abgedämpft. Dort, wo die Tiefen der Erde mit ihren toten Gesteinsmassen mächtig nach oben drängen wie im Gebirge, wird sie im Sommer besonders intensiv. Allerdings haben die Lebensprozesse in der kurzen Vegetationszeit eine andere Dynamik als in der Ebene. In den hohen Regionen erreicht die Pflanzenwelt nur einen dem Frühling vergleichbaren Entfaltungszustand, allerdings mit einem bedeutenden Unterschied: In der besonderen Lichtqualität dieser der Sonne näheren Gebiete werden die Blüten im Verhältnis zum Spross auffallend groß; und ihre Farben erhalten eine besondere Leuchtkraft. In etwas tieferen Bereichen erfolgt der Wechsel der Jahreszeiten rasch und eindrucksvoll.

Im Juli und vor allem im August, d. h. im Übergang vom Sommer zum Herbst, findet man dort an feuchten Standorten den Blauen Eisenhut *(Aconitum napellus;* s. Farbabb. 30). Er wächst in Gruppen von mehreren Pflanzen, bisweilen aber auch in größeren Beständen. Was auffällt, ist die schmale, bis weit über einen Meter aufstrebende Gestalt, die ziemlich dichten dunkelgrünen Blätter und über ihnen

Blauer Eisenhut (Aconitum napellus) –
oberer Teil des Sprosses und Blütenstand.

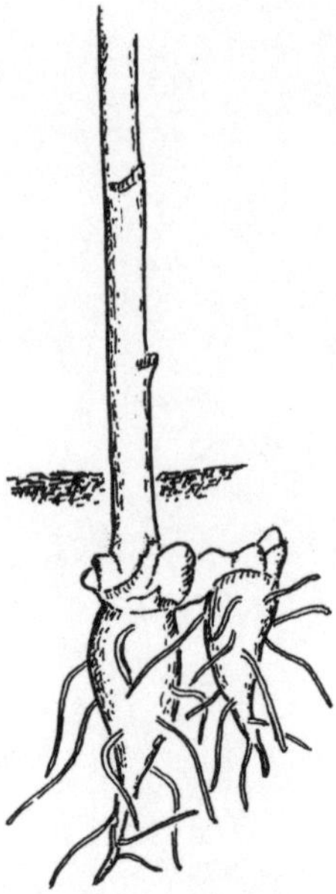

Rübenförmige Wurzel eines Blauen Eisenhutes mit Tochterknolle (rechts).

der enge, tief dunkelblaue Blütenstand. Die ganze Bildung wirkt konzentriert; ihr Charakter ist ernst und streng. Was das Pflanzenleben des Sommers vielfältig kennzeichnet, die Hingabe an die Weite und Höhe, findet man beim Blauen Eisenhut nicht.

Der Stängel, um den sich alle anderen Organe ziemlich eng anordnen, ist recht kräftig. Er entspringt aus einer rübenartig verdickten Wurzel. Gräbt man im August eine Eisenhutpflanze aus, so sieht man, dass aus dieser Wurzel bereits eine neue, etwa ebenso große hervorgegangen ist. Aus der Knospe an ihrer Spitze wird im folgenden Jahr eine neue Eisenhutpflanze hervorwachsen. Die starke Verbindung mit den irdischen Kräften setzt sich im Stängel fort, in seiner senkrechten Orientierung und seiner Verfestigung.

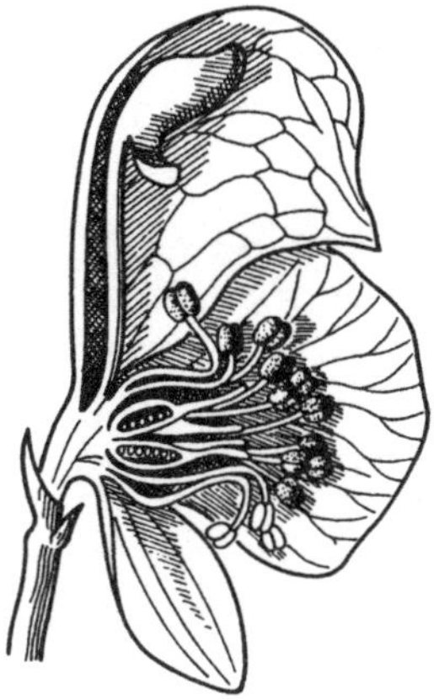

Einzelne Blüte des Blauen Eisenhutes im Längsschnitt (aus Weberling, Morphologie der Blüten und Blütenstände). Im Helm sieht man eines der beiden gestielten Nektarien, darunter die Staubgefäße und in ihrer Mitte der dreiteilige Fruchtknoten, die Anlage von drei Balgfrüchten.

Durch Kräfte, die das Wachstum hemmen, folgen die Blätter ziemlich dicht aufeinander. Wie die Internodien bleiben auch die Blattstiele relativ kurz und bilden mit dem Stängel einen spitzen Winkel. So entfaltet sich die Spreite der Blätter dicht am Zentrum. Durch ihre handförmige Aufgliederung ist sie ganz offen. Auch in den Blättern macht sich eine starke Konzentration bemerkbar. Ihre Lappen sind nämlich auffallend schmal und dunkel. So herrschen im Spross des Blauen Eisenhuts zwei unterschiedliche Tendenzen: starke Konzentration zum Zentrum und große Offenheit zur Umgebung.

Von einer Verwandlung der Blattform ist kaum etwas zu bemerken. Nur im Übergang zum Blütenstand vollzieht sich rasch eine Vereinfachung und Zusammenziehung. Im

Blütenstand wirkt der Blaue Eisenhut noch konzentrierter als im Spross. Die Blüten stehen wie die Blätter in dichter Folge eng um die Achse. Dementsprechend wenden sie sich auch nicht nach oben, sondern zur Seite. In Farbe und Form tritt dem Betrachter eine starke Physiognomie entgegen. Oben wölbt sich ein helmförmiges Blütenblatt. Nach unten hin öffnet sich die Blüte. Durch die zwei seitlichen Blütenblätter wendet sie sich gerichtet zur Umgebung. Am offensten wirkt sie durch die zwei unteren Blütenblättern. Zwischen den seitlichen Blättern ordnet sich eine größere Anzahl ziemlich kurzer, ebenfalls blauer Staubgefäße dicht um das Zentrum des dreiteiligen Fruchtknotens.

Man hat den Eindruck, dass die zwei verschiedenen Tendenzen des Sprosses in einer verinnerlichten Form auch in der Blüte wirken. Die Blüten wenden sich deutlich zur Umgebung, diese Zuwendung ist aber sehr verhalten. Das äußert sich in dem tiefen Blau bzw. Blauviolett, vor allem aber in der Form des Helms. In ihr drückt sich ein Inneres aus, das der Hinwendung zur Umgebung den Charakter von innerer Bewusstheit und von Konzentration gibt.

Wenn man dem Blauen Eisenhut begegnet, wird man von Form und Farbe stark angesprochen. Man empfindet wie bei wenigen anderen Pflanzen einen intensiven physiognomischen Ausdruck. Man bemerkt auch hier eine Gebärde sympathischer Weltzuwendung. Sie ist aber gegenüber der Art, wie sich Sympathie im Scharfen Hahnenfuß, im Johanniskraut und in verschiedenen Doldengewächsen äußert, stark abgewandelt.

Wir haben bereits darauf hingewiesen, dass Sympathie in vielen Regungen der Seele lebt. Sie kann sich nicht nur in verschiedenen Graden von Hingabe äußern, sondern auch von Konzentration und Bewusstheit durchdrungen sein. Das ist im Gefühl des Ernstes der Fall. Man darf Ernst nicht mit Trauer verwechseln. In der Trauer ist die Seele zumeist mit dem befasst, was ihr widerfahren ist; im Ernst wendet sie sich dem Leben und der Welt zu. Sie haftet dabei nicht an der Oberfläche der Erscheinung. Sie verarbeitet die Eindrücke und kommt zum Verstehen. Ernst ist Zuwendung, die von Verstehen, von Bewusstheit durchdrungen ist. Man erfasst den Ernst einer Situation, die Konsequenzen von Taten und Geschehnissen. Im Ernst lebt aber auch ein Bewusstsein von Aufgaben, die die Welt dem Menschen abverlangt. Der Mensch erlebt sich ganz auf sich selbst gestellt und zugleich in tiefer Verbindung mit der Welt. Ernst ist verstehende Anteilnahme, die die Größe und Bedeutsamkeit eines Menschen oder einer Sache erfasst, die aber auch als Sorge die Not begreift.

Dieses Innere tritt dem Menschen in der Gestalt des Eisenhutes und in seiner Farbe als äußeres Bild entgegen. Das Auf-sich-Gestelltsein manifestiert sich in dem kräftigen Stängel und der starken Zentrierung seiner ganzen Bildung, die Offenheit der Welt gegenüber in den Blättern. Die innere Tiefe der Zuwendung spricht sich vor allem in den Blüten aus: das Sich-Besinnen, das zum Verstehen führt, in dem sich nach oben wölbenden Helm; die vom Verstehen durchdrungene Zuwendung in der übrigen Blüte. Von dem Blau, das immer tiefer und dunkler wird, sagt Wassily Kandinsky, in ihm komme eine «Vertiefung in die ernsten Zustände»[35] zum Ausdruck.

Nun gibt es neben den blau- und blauviolett blühenden Eisenhut-Arten (Blauer Eisenhut: *Aconitum napellus,* Rispiger Eisenhut: *Aconitum paniculatum,* Bunter Eisenhut: *Aconitum variegatum)* den Wolfs-Eisenhut *(Aconitum lycoctonum)* der lichten Bergwälder und den mehr südeuropäischen *Aconitum anthora* mit hellgelben Blüten. Selbst beim Blauen Eisenhut gibt es Rassen mit weißen Blüten. In dem

Gegensatz von dunklem Blau und blassem Gelb bzw. Weiß sprechen sich verschiedene Bereiche des fühlenden Erlebens aus: im Blau die Tiefe des Seeleninnenraumes, im Weiß das Erleben des Geistigen in seiner Erhabenheit, im blassen Gelb das innere Aufleuchten dieses Erlebens. Dies sind die zwei Nuancen des Ernstes. Lebt im Gefühl des Ernstes der Ernst einer Lebenssituation oder eines Schicksals, so wird in der Sorge das Innerste der Seele berührt. Manifestiert sich dieser Ernst als äußeres Bild, dann erscheint die blaue Farbe. Es kann aber auch menschliche Größe und die Erhabenheit des Göttlichen im Ernst erlebt werden. Dann erscheint das Bild des ernsten Verstehens in den Blüten in weißer oder blassgelber Farbe.

So erlebt man, wie sich im Übergang vom Sommer zum Herbst das Leben der Erde konzentriert. Es gibt sich nicht nur im Eisenhut, sondern auch in vielen anderen für diese Zeit charakteristischen Pflanzen nicht mehr wie im Sommer an die Sonne hin. Und in dieser Konzentrierung erscheint aus dem Seelischen der Erde das Bild einer so bedeutenden Seelenregung wie der des Ernstes.

Mit Beginn des Herbstes vollzieht sich in der Natur eine tiefe Veränderung. Im Sommer war sie in die Lichtfülle der Sonne aufgenommen und von Wärme durchglüht worden. Die Wirksamkeit der Sonne klingt ab. Die Dinge gewinnen eine plastische Realität, die sie im Sommer nicht hatten. Die äußere Welt tritt in ihrer irdischen Realität wieder stärker in Erscheinung. In dieser Zeit erfüllt eine eigentümliche Ruhe die Natur. Immer weniger Pflanzen findet man auf den Wiesen; das Laub der Bäume beginnt sich zu färben. Es reifen die letzten Früchte und vielfältige Samenkörner. An den Bäumen, Sträuchern und vielen Kräutern haben sich die Überwinterungsknospen gebildet. Das Leben konzentriert sich in sich und geht in einen Zustand der Ruhe über.

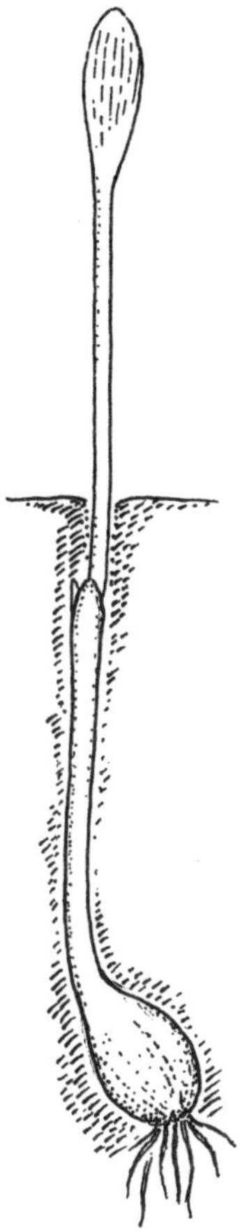

Herbstzeitlose (Colchicum autumnale)
vor der vollen Entfaltung ihrer Blüte.

In dieser Zeit kommt es zu einem letzten Blühen. Auf den Wiesen erscheinen die lilafarbenen Blüten der Herbstzeitlose *(Colchicum autumnale;* s. Farbabb. 31). Wo sie in größerer Zahl auftreten, entsteht ein eigenartiger, melancholischer Schimmer inmitten des vergehenden Lebens.

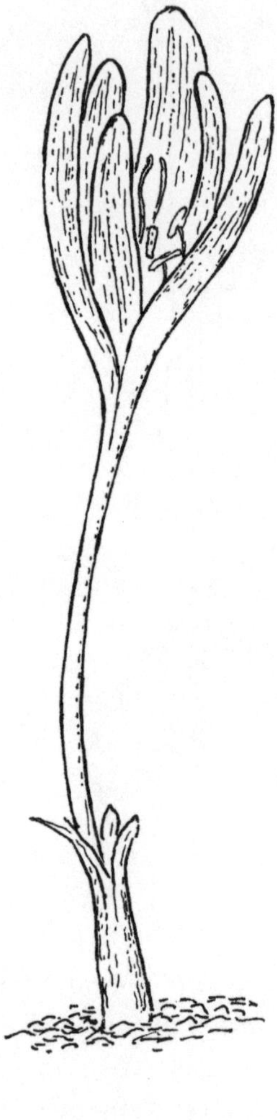

Blühende Herbstzeitlose
(nach Hegi, Illustrierte Flora von Mitteleuropa, 2. Band).

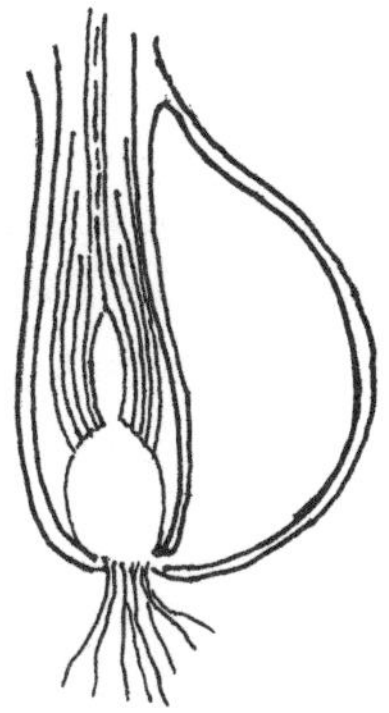

Sprossknolle der Herbstzeitlose im Längsschnitt. Innerhalb der doppelten Umhüllung ist links der Fruchtknoten mit dem unteren Abschnitt der Blütenröhre und den Anlagen der drei Blätter zu sehen, rechts die Knolle des vorangegangenen Jahres.

Die Herbstzeitlose taucht in der zweiten Augusthälfte auf. Man kann sie noch im Oktober, unter Umständen sogar noch im November finden.

Die Herbstzeitlose gehört zu den ungewöhnlichsten Pflanzen unserer Vegetation. Das einzige, was im Herbst aus dem Boden hervorkommt, ist die Blüte. Was man für einen blassen Stil halten könnte, ist die Blütenröhre. So steigt die Blüte mit einem engen Innenraum aus dem Dunkel der Erde empor und weitet sich dann ein wenig am Licht mit sechs zarten, schmalen Blütenblättern. Sie wendet sich wie in der Gebärde eines sehnenden Verlangens nach oben. Ziemlich tief im Boden ruht eine Knolle, die von einer trockenen Schale umschlossen ist. Dort unten entspringt die Blüte. Hier sind auch die bleichen Anlagen von drei Blättern. In der Zeit des Vergehens fehlt diesen aber die Kraft der Entfaltung. Erst wenn sich im Frühling die Kräfte des Werdens neu regen, dringen sie zum Licht und wachsen zu recht langen grünen Blättern heran. In ihrer Mitte befindet sich dann die grüne Frucht, die im Winter und zeitigen Frühjahr unten im Boden gereift ist. Weil die Blätter erst nach der Blüte erscheinen, hat man im Mittelalter die Herbstzeitlose als *filius ante patrem* («der Sohn vor dem Vater») bezeichnet.

Wenn die Herbstzeitlose blüht, vereinigt sich das Leben der Erde nicht mehr mit der Sonne. Denn die eigentlichen Organe des Lebens, der Stängel und die Blätter, bleiben unentfaltet im Boden. Die Erde bleibt mit ihrem Leben ohne Hingabe an die Sonne bei sich. Nur die Blüte, in der das Leben ohnehin immer weitgehend erlischt,[36] entfaltet sich. Doch auch das Blühen ist schwach; denn es bildet sich zumeist nur eine Blüte.

Wir haben gesehen, wie sich das Leben der Erde im Übergang vom Sommer zum Herbst konzentriert. Im Herbst

Pflanzen der folgenden Farbtafeln

19 und 20: Glockenblume
21: Löwenmaul
22: Fingerhut
23: Königskerze
24: Heckenrose
25: Gefüllte Rose
26: Sonnenblume
27: Hahnenfuß
28: Johanniskraut
29: Wilde Möhre
30: Eisenhut
31: Herbstzeitlose

19

20

21

22

24

25

27

28

29

30

erreicht es dann in der Herbstzeitlose eine letzte Stufe der Zusammenziehung. Diese geht noch weit über die Konzentration in der Silberdistel hinaus. So spricht sich in der Herbstzeitlose besonders deutlich aus, was sich im Herbst insgesamt in den Lebensprozessen der Erde vollzieht. Indem die Macht der Sonne schwindet, zieht sich das Leben der Erde in sich zurück.

Was ist aber der physiognomische Ausdruck, der den Menschen beim Betrachten einer Herbstzeitlose so stark berührt? Er erscheint in der Form und der Farbe des Blühens. Man begegnet ihm aber auch in der ganzen Pflanze. Auch hier muss man wieder zunächst in der eigenen Seele das bewusst machen, was sich in der Herbstzeitlose nur undeutlich kundgibt. Denn nur das, was man sich denkend zum klaren Bewusstsein bringt, kann über das Wesen einer Erscheinung aufklären. Man muss sich auf jenes Gebiet der Seele konzentrieren, in dem das Innere in sich lebt und sich zugleich aus dem engen Eigensein nach außen wendet.

Wenn ein Mensch verliert, womit er stark verbunden war und wodurch sein eigenes Leben Bedeutung und Inhalt gehabt hatte, erlebt er den Verlust als inneren Schmerz. Die Welt erscheint leer, weil das, was ihr Wert verliehen hatte, verschwunden ist. Wie unter einem dunklen Schatten erlischt ihr Glanz. Das seelische Leben zieht sich im Gefühl des Schmerzes zusammen. Es wendet sich von der Welt ab und geht im Gefühl der Trauer auf, d. h. in dem engen Kreis einer melancholisch getönten Stimmung. Diese lähmt die Lebensaktivität der Seele. In ihren Gedanken und Vorstellungen hängt die Seele dem, was sie verloren hat, nach. Mit einem Gefühl der Sehnsucht wendet sie sich zu den verlorenen Werten hin; zu ihnen fühlt sie sich hingezogen. Auch in diesem Hingezogensein ist sie durch Schmerz und Wehmut verengt.

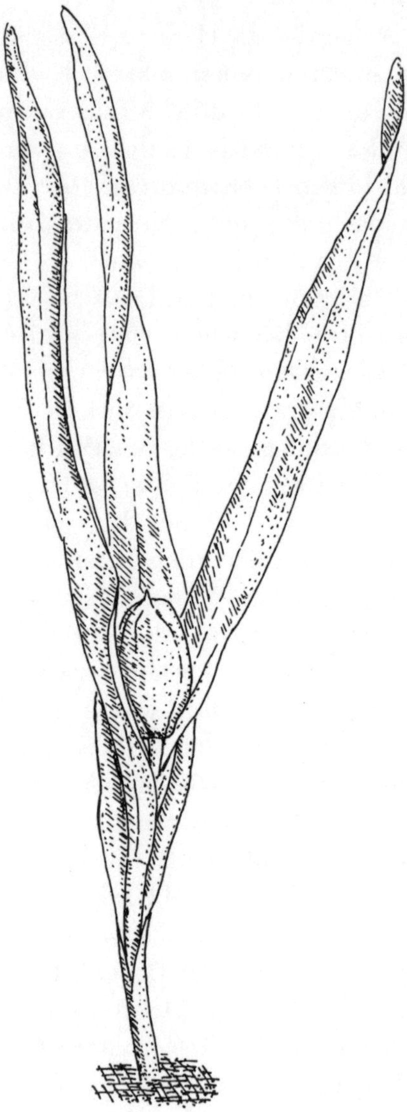

Herbstzeitlose – Spross und Frucht im Frühsommer nach dem Blühen im vergangenen Herbst.

Wenn man so den Zustand der Seele in der Trauer kennenlernt und die Herbstzeitlose anschaut, wird einem bewusst, dass die innere Konfiguration der äußeren der Herbstzeitlose entspricht. Diese lebt im Dunkel der Erde in ihrer braunen Schale abgesondert in sich. Die Kraft der Lebensentfaltung ist abgelähmt. Aus diesem in sich abgeschlossenen Eigenleben steigt die Blüte mit der Gebärde der Sehnsucht empor: mit dem eng zum Licht aufsteigenden Innenraum, der sich dann wie zu einem Fernen hin etwas weitet. Diese Blüte kommt in eine Welt des Vergehens, in der die Sonne nicht mehr mit belebender Kraft wirkt.

Wieder spricht sich hier das Seelische der Erde aus. Die Erde äußert sich im Vergehen ihres Lebens im Bild der Trauer. Rudolf Steiner spricht vom «Symbol für ein melancholisches Gemüt».[37]

Was der Mensch von der Natur kennenlernt, ist durch sein Auffassungsvermögen bedingt. Wenn man sich der Natur mit den Sinnen zuwendet und dabei das auffasst, was im Medium der Vorstellungen bewusst wird, erscheint sie als eine Summe von Tatsachen und Geschehnissen. Viele halten diese Form des Wissens für das einzige sichere Fundament der Naturerkenntnis. Dabei ist es nur die äußerlichste Ansicht der Natur. Will man die Natur in ihrer Wirklichkeit kennenlernen, genügt es nicht, auf der Grundlage dieser Wissensform Theorien zu bilden. Man muss der Natur Gelegenheit geben, sich nicht nur im Medium der Vorstellungen auszusprechen. Wendet man sich der Natur mit einem tätig nachschaffenden Vorstellen zu, entdeckt man die bisher verborgene Region der Bildegesetze. Die Meinung, eine Pflanze oder ein Tier bestehe aus einer bloßen Summe von Merkmalen, erweist sich als Vorurteil aufgrund einer unzureichenden Betrachtungsart. Macht man in seiner Seele auch die Gefühle zum Auffassungsorgan, dann entdeckt man eine noch tiefere Dimension – das, was im Leben der Natur an Seelischem wirkt. So dringt man immer tiefer in die Geheimnisse der Natur ein.

Wie die äußere Begegnung mit der Natur nur vollständig ist, wenn man sie mit den verschiedenen Sinnen wahrnimmt, so erfasst man die Wirklichkeit der Natur nur, wenn man sein Auffassungsvermögen erweitert. Dann lernt man die Erde als ein Wesen kennen, das sich jedes Jahr wieder neu mit der Sonne verbindet und sich dort, wo es Herbst wird, in ein Eigensein gegenüber dem Kosmos zurückzieht. Und man entdeckt eine für die übliche Naturauffassung höchst unwahrscheinliche Tatsache. Ludwig Wittgenstein kommt in seinem *Tractatus logico-philosophicus* zu dem Schluss: «Der Sinn der Welt muss außerhalb der Welt liegen. In der Welt ist alles, wie es ist, und geschieht alles, wie es geschieht; es gibt in ihr keinen Wert.» Und kurz darauf: «Denn alles Geschehen und So-Sein ist zufällig.»[38] Viele werden dieser Aussage zustimmen, besonders wenn man sie auf die Natur bezieht. Wie sollte es denn in der Natur einen Sinn geben?

Wenn man sich der Umgebung zuwendet, dem Menschen, den Pflanzen und den verschiedenen Gegenständen, antworten Gefühle auf die Eindrücke von außen. Dabei verbindet man sich seelisch mit den Dingen seiner Umgebung und erlebt, wie das Innere erregt und belebt wird. Könnte sich der Mensch nicht immer wieder neu durch seine Gefühle mit der Welt verbinden, müsste seine Seele verarmen und ihr inneres Leben allmählich erlöschen. So liegt in der Möglichkeit, der Welt immer wieder zu begegnen, ein tiefer Sinn. Denn sinnvoll ist das, was in irgendeiner Weise Leben anregt und fördert.

Man kann mit solchen Gedanken das Leben der Erde im Jahreslauf betrachten: die beginnende Entfaltung im Frühling, die von innerer Hingabe erfüllte Verbindung mit der Sonne im Sommer und das Sich-Konzentrieren im Herbst, wie wir das in der vorangehenden Darstellung beschrieben haben. Dann gewahrt man in dem anschwellenden und abebbenden Rhythmus des Lebens einen Seelenrhythmus. Die Seele der Erde äußert sich vielfältig, indem sie sich im Medium des Lebens der Sonne zuwendet, sich an sie hingibt und sich wieder zurückzieht. Die Sonne belebt immer wieder neu das Seelenleben der Erde, das sich in der Pflanzenwelt offenbart. So enthält der immer wiederkehrende Rhythmus des Jahreslaufes einen tiefen Sinn; denn in diesem Rhythmus kann sich die Seele der Erde mit ihrem inneren Reichtum, von dem wir nur weniges betrachtet haben, immer wieder in der Verbindung mit der Sonne beleben.

DIE ERDE: EIN BESEELTES WESEN IM KOSMOS

Wir haben in den verschiedenen Kapiteln dieser Schrift gesehen, wie man durch bestimmte Erkenntnismethoden in Bereiche der lebendigen Natur eindringen kann, die der kausalanalytischen Untersuchung verschlossen sind. Dabei entsteht ein Bild der Erde, in dem die Pflanzenwelt genauso zum Ganzen gehört wie die Gesteine, die Gewässer und die Atmosphäre. Von anderen Gesichtspunkten her als dem unsrigen hat James Lovelock in seiner Gaia-Theorie[39] darauf hingewiesen, dass die Pflanzen mit der unbelebten Erde zusammen eine Einheit, ein «gesamtplanetarisches Wesen» sind. Durch die physiognomische Betrachtung wird sichtbar, dass die Erde nicht nur ein totes und ein lebendiges Gebilde ist. In ihrer Lebenssphäre offenbart sich ein vielfältiger Ausdruck konkreter Seelengebärden.

Seelisches ist entgegen der heute weit verbreiteten Meinung nicht nur Wesenseigenschaft des Menschen und allenfalls der Tiere; es durchwirkt die Lebenswelt der Pflanzen, wenn auch in anderer Weise. Im Menschen ist die Seele unaufhörlich in lebendiger Bewegung. Ein Gefühl folgt auf das andere, Wünsche und Begierden steigen auf und klingen wieder ab. Vieles von dem äußert sich im Spiel der Miene, in Gesten, in der Haltung usw. Vor allem das Antlitz ist wie ein Spiegel der wechselnden inneren Erlebnisse. Freude, Trauer, Erstaunen usw. leben nur für kurze Zeit, oft nur für Momente in ihm auf.

In den entsprechenden Pflanzen gerinnt der Ausdruck, wie die pflanzlichen Bildungsprozesse immer in feste Formen einmünden. Was beim Menschen im Mienenspiel immer neu aus dem Inneren aufglänzt, taucht bei der Pflanze tiefer in das Gebiet des bildenden Lebens ein. Dadurch prägen sich die gebärdenhaften Bewegungen der Seele auch viel vollständiger aus. Beim Menschen werden die Züge der individuellen Physiognomie durch die im Innern erlebten Gefühle modifiziert; im Hahnenfuß und der Herbstzeitlose tritt das, was sich im menschlichen Antlitz nur verhalten zeigt, voll in die Erscheinung. In den Pflanzen wird das Seelische in viel stärkerem Maße Bild als beim Menschen. Dadurch, dass es sich beim Menschen nicht so tief im Leib ausprägt, bleibt es dem inneren Lebensbereich der Seele nahe. – Bei den höheren Tieren sind die Verhältnisse denen des Menschen ähnlich. Allerdings ist der Kreis der Seelenregungen viel eingeschränkter und weitgehend durch die Art festgelegt.

Wenn man den Umfang der Seelenregungen in Betracht zieht, dann muss man die Pflanzenwelt bzw. die Erde mit dem Menschen vergleichen. Es gibt in der menschlichen Seele Regionen, die noch nicht von Gedanken durchdrungen sind. Hier wirken die dumpfen Triebkräfte, z. B. die Begierden. Zu den dunklen Regionen gehören auch die Gefühle des Behagens und der Selbstzufriedenheit. Von ihnen muss man Gefühle wie Freude, Trauer, Ernst oder Erstaunen unterscheiden. Hier verläuft das seelische Leben nicht in sich selbst wie im Behagen, es öffnet sich zur Welt. Was die Seele aufschließt und weitet, ist das Licht des Denkens. Die Gefühle dieser Region werden nicht von den Empfindungen des Leibes oder den Eindrücken der Sinne ausgelöst, sondern vom Verstehen, das sich auf die Welt bezieht. Die Seele kann sich aber auch ganz an Geistiges hingeben und sich mit ihm verbinden wie in der Verehrung, der Begeisterung und dem Glauben. In ihren Begierden, den sinnlichen Trieben und Leidenschaften ist sie an den Leib gefesselt; sie entfaltet ihr inneres, der Welt zugewandtes Leben als Gemüt und befreit sich von der Bestimmung durch den Leib in der Hingabe an den Geist.

Um die menschliche Seele kennenzulernen, hat man sie unter weiteren Gesichtspunkten zu betrachten. Man kann verfolgen, wie die «beiden Grundkräfte» (Rudolf Steiner) des Seelischen, Sympathie und Antipathie, sich in der verschiedensten Weise äußern, wie sie z. B. im Begehren in einer bestimmten Weise zusammenwirken und wie sich die Sympathie in den durchgeistigten Regungen der Freude, der Hingabe und Liebe entfaltet. Man kann außerdem verfolgen, wie sich die Seele im egozentrischen Selbsterleben verengt und sich in Hochmut oder Stolz gegenüber der Welt isoliert und wie sie in Demut und Frömmigkeit durch Überwindung der Selbstliebe den Zusammenhang mit den geistigen und göttlichen Mächten der Welt findet. Schließlich wird man in der Seele die gedankenhaften Regungen von denen des Gefühls, der Emotion, des Affekts unterscheiden und diese wiederum von den willenshaften Aktivitäten und dabei auch das vielfältige Zusammenwirken der verschiedenen Bereiche beachten.

Man gewinnt so einen Eindruck von der inneren Weite der menschlichen Seele und von der Vielseitigkeit ihres Lebens. Beispiele all dieser so unterschiedlichen Seelenqualitäten sind uns auch in der Pflanzenwelt entgegengetreten. So kann man etwas von der Größe und Tiefe jenes Seelenwesens ahnen, das sich physiognomisch in der Pflanzenwelt äußert. Von der Seele eines Menschen wissen wir dadurch, dass sie uns in ihren verschiedenartigen Äußerungen entgegentritt. In diesen nehmen wir das Seelische wahr.[40] Ebenso gewinnt man durch physiognomisches Erkennen die Gewissheit von einem umfassenden Seelenwesen, das sich in den Formen und Farben der Pflanzen ausspricht, d. h. von der Seele der Erde. So kann man in voller Bewusstheit sagen: «Die Pflanzenwelt ist die sichtbar gewordene Seelenwelt der Erde.»[41]

Was spricht sich in der Tatsache aus, dass sich die Seelenwelt der Erde mit der Vielfalt ihrer Regungen in der Lebenssphäre der Erde offenbart? Es gibt für die Seele einen Rhythmus: Sie kann ganz in ihrer eigenen Innenwelt leben und sich nach außen physiognomisch offenbaren. Dabei taucht sie ein in das Gebiet des Lebens, das in der physischen Substanz bildend tätig ist, und prägt ihm etwas von ihrer Innerlichkeit auf. Sie geht in das Gebiet unbewusst verlaufender Vorgänge über und wird dabei selbst unbewusst. Als Mensch erlebt man seine Freude im Bereich der rhythmischen Vorgänge, d. h. in der Region des Brustraumes mit seinem Atemrhythmus und dem Herzschlag. Hier lebt die Seele innerlich. Im Antlitz äußert sich Freude bis in die Substanz der mimischen Muskulatur. Dabei erlischt aber das bewusste seelische Erleben. Die Seele schläft im physiognomischen Ausdruck ein. Die Seelenkräfte der Erde tauchen aber vollständiger in das Gebiet des stofflichen Lebens unter als die Seelenregungen des Menschen. Der Schlafzustand, den sie dabei durchmachen, ist deshalb auch tiefer.

Wenn die Seele der Erde zum Sommer hin mit vielen ihrer Gefühle in den sprießenden und blühenden Pflanzen einschläft, vereinigt sie sich mit der Sonne. Denn die Sonne durchwirkt mit ihren Kräften das Leben der Pflanzen. Schaut man mit innerem Verständnis auf die Pflanzen des Sommers hin, dann kann man sich sagen: Die Seele der Erde hat sich mit ihren inneren Kräften innig mit der

Sonne vereinigt. Im Frühling beginnt jener Prozess, der im Sommer seinen Höhepunkt erreicht. Es ist, wie wenn die Erde im Krokus und in der Tulpe durch Sehnen und Hoffen dem Sommer entgegenstreben und im Buschwindröschen und der Osterglocke durch Erstaunen und Bewunderung ihr Inneres neu zur Sonne hin öffnen würde. Im Herbst, wenn die Wirksamkeit der Sonne schwindet und das Leben allmählich erstirbt, erscheinen jene Gebärden, in denen sich die Seele der Erde in sich konzentriert bis zum Ausdruck von Trauer und Wehmut.

Das Absterben im Herbst bedeutet nicht nur, dass sich die Erde aus ihrer Verbindung mit der Sonne löst. Wenn das Leben in der Pflanzenwelt erlischt, endet auch der Schlaf der Erdseele. Ihre Kräfte ziehen sich aus dem Bereich, in dem sie unbewusst tätig waren, zurück. Es beginnt jene Zeit, in der sie dann rein innerlich leben. Herbst ist in der Natur die Zeit des Erwachens.

Der Rhythmus von Sommer und Winter bestimmt das Leben der Erde in den außertropischen Regionen. Im Ganzen der Erde entspricht dem Sommer auf der einen Hemisphäre Winter auf der anderen. So kann man sagen: «Indem die Erde in einem Teil schläft, wo sie Sommer hat, wacht sie mit einem Teil ihres Wesens, wo sie Winter hat. So steht der ganze Erdorganismus geistig mit Zuständen wie Wachen und Schlafen wie ein anderer Organismus vor uns.»[42]

Man kommt zu einer umfassenden Anschauung der Erde als Wesen im Kosmos. Diese Anschauung könnte im gegenwärtigen Suchen nach einer neuen Beziehung des Menschen zur Natur Bedeutung haben. Von verschiedener Seite wird gefordert, man müsse die Natur vor den zerstörenden Eingriffen des Menschen schützen, indem man ihr ein «sittliches Eigenrecht» zugesteht. So schreibt Hans Jonas: «Es ist zumindest nicht mehr sinnlos zu fragen, ob der Zustand der außermenschlichen Natur, der Biosphäre als Ganzes und in ihren Teilen, die jetzt unserer Macht unterworfen ist, eben damit ein menschliches Treuegut geworden ist und so etwas wie einen moralischen Anspruch an uns hat – nicht nur um unsertwillen, sondern auch um ihrer selbst willen und aus eigenem Recht.»[43] Er fügt aber hinzu, die «herrschende wissenschaftliche Ansicht» versage uns, die Natur als etwas anzusehen, was uns Achtung abverlangen könne. Es besteht allenfalls die Möglichkeit, «dass die Naturwissenschaft nicht die ganze Wahrheit über die Natur aussagt».[44]

Auch Klaus Michael Meyer-Abich vertritt die Auffassung, man müsse der «natürlichen Umwelt nunmehr eigene Rechte ... zuerkennen», und schildert, wie das ein verändertes Bewusstsein verlangt: Man solle sich «in die Pflanze oder das Tier hinein ... versetzen, dass ihre Natur in uns vernehmbar wird».[45] Meyer-Abich ist der Auffassung, dass wir die Dinge der Natur bisher nur gegenständlich kennen, aber noch nicht die in ihnen «wirkende Natur».

Man kann nicht einem anonymen Objekt, das Resultat blinder Wirkungen und zufälliger Ereignisse ist, ein eigenes Recht zugestehen. Das ist nur einem individuellen Wesen gegenüber möglich. Man ist also aufgefordert, durch die physiognomische Erkenntnismethode die Erde als ein im Kosmos lebendes und beseeltes Wesen zu erfassen.

Wir wollen zum Schluss noch einmal die Frage aufwerfen: Was bedeutet die physiognomische Erkenntnismethode für den Menschen und seine Beziehung zur Natur? Sie führt den Menschen zu einer bestimmten Erweiterung seiner Erkenntnisfähigkeiten, die Rudolf Steiner in seinen Darstellungen über den rosenkreuzerischen Schulungsweg[46] des Öfteren beschrieben hat. Im gewöhnlichen Bewusstsein fasst der Mensch die Welt gegenständlich auf. Im Anschauen der Dinge gerinnen seine Vorstellungen.

Dadurch ist ihm nur das jeweils schon Gewordene fassbar. Und sein Denken ist an diesen Ausschnitt der Wirklichkeit gebunden.

Die erste Stufe des rosenkreuzerischen Schulungsweges, das sogenannte Studium, besteht im Erringen jener Fähigkeit, die wir in einem der vorangehenden Kapitel als gestaltendes Denken bezeichnet haben. Es ist ein Denken, das nicht nur Tatsachen und Gedanken aneinanderreiht, sondern streng logisch den einen Gedanken aus dem anderen hervorgehen lässt. Als «sich selbst erzeugendes Denken» (R. Steiner) befreit es sich von den Fesseln der sinnlichen Anschauung.

Die zweite Stufe ist das imaginative Bewusstsein. «Sie wird dadurch vorbereitet, dass der Schüler selbst allmählich lernt, in solche bildlichen Vorstellungen einzudringen, die im Sinne des Goetheschen Wortes: ‹Alles Vergängliche ist nur ein Gleichnis› die höheren Welten darstellen.»[47] Wie derjenige, der den Weg zur Imagination gehen will, vergängliche Erscheinungen als Offenbarung einer höheren, übersinnlichen Wirklichkeit erfassen kann, wird dann verdeutlicht. «Zum Beispiel kann er eine Herbstzeitlose oder ein Veilchen betrachten. Wenn ich in der Herbstzeitlose das Symbol für ein melancholisches Gemüt sehe, habe ich sie nicht nur so aufgefasst, wie sie mir äußerlich entgegentritt, sondern als Sinnbild für eine Eigenschaft. Im Veilchen mag man dagegen das Sinnbild für ein stilles, frommes Gemüt erblicken.»[48] So gehe man von Pflanze zu Pflanze und betrachte sie als Sinnbild für Übersinnliches. Denn das Seelische bzw. Seelisch-Geistige ist eine Wirklichkeit jenseits des materiellen Daseins.

Die physiognomische Erkenntnismethode ist also Vorstufe der imaginativen Erkenntnis. Da im äußeren Anschauen Seelisch-Übersinnliches bewusst wird, kann man sie auch als imaginatives Anschauen bezeichnen. Wir haben immer wieder darauf hingewiesen, wie dieses imaginative Anschauen an Schritte der Selbsterkenntnis gebunden ist, an ein bewusstes Durchdringen der eigenen Seelenwelt. Dabei vollzieht sich eine Veränderung in der Beziehung des Menschen zu seiner Seele. Zunächst erlebt er die Seele als seine persönliche Eigenwelt. Durch die Selbsterkenntnis wird die Seele mehr und mehr zu einem Organ des Erkennens. Bisher waren Freude, Sehnsucht oder Stolz persönliche Erlebnisse. Nun dienen sie dem Menschen, damit sich durch sie das Wesenhafte der Natur offenbaren kann. Der Mensch macht die Kräfte der eigenen Seele gleichsam zu Organen, in denen sich selbstlos ein anderes Wesen aussprechen kann. Die persönliche Beziehung zur eigenen Seele verwandelt sich in ein «moralisches Verhältnis» (R. Steiner) zur Welt.

Hierbei überwindet der Mensch jene selbstsüchtigen Tendenzen, denen die Natur ein Bereich der Ausbeutung und des bedenkenlosen Auslebens enger persönlicher Interessen ist. Die Natur ist nicht mehr eine Welt fremder Objekte, der man distanziert gegenübersteht. Sie wird ihm zu einem bedeutenden Geschehen zwischen Erde und Sonne. Der Mensch vollzieht dieses Geschehen im gestaltenden Denken und vor allem im imaginativen Anschauen mit; das heißt, er nimmt mit den selbstlos gewordenen Kräften seiner Seele an ihm teil und fühlt sich in den Rhythmus zwischen Erde und Sonne erkennend und erlebend hineingestellt. In der Größe und Tiefe dieses Geschehens befreit sich der Mensch aus dem Umkreis selbstsüchtiger Interessen. Das physiognomische Naturerkennen enthält nicht nur seelische und geistige Dimensionen in der Klärung der Innenwelt und der Ausweitung des Erkennens, sondern auch moralische.

EPILOG

Die Pflanzenschilderungen dieser Schrift sind ein kleiner Ausschnitt aus dem weiten Bereich einer physiognomischen Naturerkenntnis. Sie geben einen Ausblick auf dieses noch weitgehend unerforschte Gebiet. Man kann nicht nur Pflanzen, sondern auch Tiere und Mineralien physiognomisch betrachten. Es gibt vieles in der Natur, das uns auffordert, die äußere Erscheinung als Manifestation eines verborgenen Wesenhaften zu verstehen: die Landschaften, die Witterungsvorgänge der Atmosphäre, die Tages- und Jahreszeiten.

Das Tierreich, besonders seine höheren Formen, erschließt sich dem physiognomischen Erkenntnisbemühen leichter als die ruhigen, stummen Bildungen der Pflanzenwelt. Denn in Gestalt und Haltung eines Tieres, in seinen Bewegungen und seinem Verhalten äußert sich ein regsames, tätiges Seelenleben. Die Erscheinung ist nicht geronnenes Bild einer einzelnen Seelenregung wie bei den Pflanzen, sie ist durchpulst von aktuellem innerem Leben, von Begierden und Trieben, Leidenschaften und Instinkten, von Lust und Unlust, verschiedenen Graden der Wachheit und anderen seelenhaften Kräften. Man kann in den verschiedenen Äußerungen einer Tierart einen seelischen Grundcharakter entdecken. Eine physiognomische Zoologie hätte in jeder Tierart diesen ihr eigenen Grundcharakter zu schildern, seine Ausprägung im ganzen Organismus und die vielfältigen Variationen im Verhalten. – Viel schwieriger ist es, die mineralischen Bildungen mit dem physiognomischen Erkennen zu durchdringen.

Es ging uns darum, die Methode der physiognomischen Naturerkenntnis, soweit sie sich auf die Pflanzenwelt bezieht, an einigen Beispielen darzulegen. Diese Methode steht nicht isoliert im Raum der verschiedenen wissenschaftlichen Forschungsrichtungen. In der Auseinandersetzung mit dem methodischen wissenschaftlichen Totalitätsanspruch des Positivismus hat im vergangenen Jahrhundert zunächst Johann Gustav Droysen und dann Wilhelm Dilthey das gesamte Gebiet der Wissenschaften in zwei Provinzen eingeteilt. In ihnen wird auf verschiedene Weise nach Erkenntnis gesucht. Die Naturwissenschaften erklären die Tatsachen und Vorgänge; in den Geisteswissenschaften – in der Psychologie, der Geschichtswissenschaft, der Kunstgeschichte und der Archäologie – geht es um Verstehen. Beim Erklären wird ein Sachverhalt aus allgemeinen Prinzipien und Gesetzen hergeleitet. Verstehen hat im Sinne der Hermeneutik eine spezifische Bedeutung. Man kann eine Bewegung durch bestimmte Gesetze der Mechanik verstehen. Das ist nicht gemeint; hier sind Erklären und Verstehen weitgehend synonym. Das Verstehen bezieht sich auf Inhalte, zu denen die naturwissenschaftliche Erklärungsweise keinen Zugang findet.

Das klassische Beispiel des hermeneutischen Verstehens ist das Lesen eines Textes. Hier geht es nicht um das, was man wahrnimmt, um die Zeichen. An ihnen entwickelt der Leser eine geistige Tätigkeit, in der sich ihm der verborgene Sinn enthält. So schreibt Wilhelm Dilthey: «Wir nennen jenen Vorgang, in welchem wir aus Zeichen, die von außen sinnlich gegeben sind, ein Inneres erkennen: Verstehen.»[49] Erklären bezieht sich auf das, was man an äußeren Tatsachen und Vorgängen wahrnimmt, das Verstehen auf Inhalte, die dem äußeren Anschauen verschlossen sind. Der Leser rekonstruiert durch sein Denken jene Gedanken und

Vorstellungsabläufe, die der Autor beim Schreiben seines Textes gedacht hat. Soweit ihm das gelingt, lebt in seinem Bewusstsein der gleiche geistige Inhalt wie in dem des Autors. Deshalb versteht er den Text. Das bedarf aber nicht, wie Dilthey meinte, einer Kongenialität des Lesers mit dem Autor. Wie einen Text kann man auch die Handlungsweise von Menschen, geschichtliche Vorgänge, Kunstwerke und andere Produkte menschlicher Arbeit verstehen.

Nun betonen die Vertreter der Hermeneutik, solches Verstehen könne es nur gegenüber dem Menschen und seinen Werken geben. Hier bestehe eine wesensmäßige Beziehung zwischen den Gegenständen und dem Betrachter, durch die dieser deren Inneres erfassen könne. Bei den Vorgängen und Gebilden der Natur sei das aber nicht möglich.

Dem liegt die Annahme zugrunde, die Natur gehe letztlich in dem auf, was man wahrnimmt. Im Bereich des Wahrnehmbaren habe man auch die Ursachen für die Erscheinungen zu finden. Diese Auffassung kennt von der Pflanzenwelt nur die materielle Erscheinung, d. h. die Vielfalt der Formen und das, was mit den analytischen Verfahren der Chemie, der Physiologie und Genetik aufgefunden wird. Das ist aber nur die Außenseite. Auf sie beziehen sich die Erklärungen der gegenwärtigen Biologie.

Die Hermeneutik unterscheidet das elementare Verstehen z.B. einer Geste von dem höheren Verstehen eines Textes oder Kunstwerkes. Es gibt aber ein noch anspruchsvolleres Verstehen. Seit dem Mittelalter kennt man den Ausdruck «Lesen im Buch der Natur». Das ist der Hinweis auf ein bisher noch wenig praktiziertes Forschen. Wenn man die Natur als Buch betrachtet, dann entsprechen ihre Erscheinungen, z.B. die Formen und Farben der Pflanzen, den Buchstaben der Schrift. An ihnen muss man durch innere geistige Tätigkeit das erfassen, was beim gewöhnlichen Lesen dem Sinn, dem verborgenen Zusammenhang entspricht. Das beginnt, wenn man im Sinne der goetheanistischen Morphologie durch inneres Nachschaffen in den Bildungszusammenhang eindringt. Dieses Lesen intensiviert sich in der physiognomischen Pflanzenbetrachtung. Hier trifft zu, was Otto Friedrich Bollnow für das hermeneutische Verstehen schildert, dass die «innerste Tiefe des Subjekts nicht nur als auslösende Bedingung, sondern als konstitutiver Bestandteil mit in die Erkenntnis eingeht».[50] Denn zwischen der Seele des Menschen und den Bildungen der Pflanzenwelt besteht ein Wesenszusammenhang, den die physiognomische Erkenntnismethode aufdeckt. So ist es möglich, vom Lesen der Texte zum Lesen im Buch der Natur fortzuschreiten und die bisherige Hermeneutik zu einer Hermeneutik der Natur zu erweitern.

Seit dem 19. Jahrhundert flammt immer wieder eine Kontroverse über die Berechtigung der Unterscheidung von erklärendem und verstehendem Erkennen auf. So wird bezweifelt, ob man in der Geschichtswissenschaft oder ganz allgemein ein Verstehen vom Erklären abgrenzen könne. Wir sind der Auffassung, dass gerade das so unangefochtene Erklären der Naturwissenschaften, vor allem in der Botanik und Zoologie, ein Problem ist. Jeder wird zugestehen, dass sich die Naturwissenschaft entwickelt und ihre gegenwärtigen Paradigmen wohl nicht die letzten sind. Sie sind es vor allem deshalb nicht, weil sie nur einen engen Ausschnitt der Natur betreffen. Wer die Natur ausschließlich unter dem Gesichtspunkt der zurzeit herrschenden Paradigmen erforscht, verdeckt sich den Blick auf die unerschlossenen Dimensionen. Will man in diese eindringen, muss an die Stelle des bisherigen Naturerklärens ein Naturverstehen treten.

NACHWORT ZUR ZWEITEN AUFLAGE

Erst nach längerem Zögern habe ich mich vor zwei Jahren entschlossen, etwas von den Studien, mit denen ich Anfang der Siebzigerjahre begonnen hatte, als Buch zu veröffentlichen. Die Betrachtungsweise schien zu ungewöhnlich, weil sie zwei Bereiche, die denkbar weit auseinanderliegen, verbindet. Durch den Gang, den die Wissenschaften seit dem 17. Jahrhundert genommen hatten, waren die Tatsachen und Vorgänge der äußeren Natur und das Seelenleben des Menschen scharf voneinander geschieden. Wissenschaft begann nach allgemeiner Auffassung erst dort, wo man die äußeren Tatsachen unabhängig von allem, was die eigene Person betrifft, untersucht. Hans Jonas beschreibt diese Einstellung mit folgenden Worten: «Die Alleinherrschaft der abstandnehmenden und vergegenständlichenden Wahrnehmung brachte es im Zusammenwirken mit dem dualistischen Spalt zwischen Subjekt und Objekt, als zwei heterogene Reiche betrachtet, dahin, dass jede Übertragung von Charakteren innerer Erfahrung in die Interpretation der Außenwelt mit strengem Bann belegt wurde. Anthropomorphismus … wurde wissenschaftlicher Hochverrat.»[51] So konnte eine Betrachtung, die psychologisches und morphologisches Erkennen zu einer physiognomischen Erkenntnis der Natur verbindet, d. h. die Grenze zwischen Subjekt und Objekt missachtet, eine Reihe von Missverständnissen provozieren.

Es gab auch keine Vorläufer, auf die man sich hätte berufen können. Die schöne Schrift *Ansichten der Natur* von Alexander von Humboldt enthält wohl das Kapitel «Ideen zu einer Physiognomik der Gewächse». Was aber Humboldt hier beschreibt, sind typische Pflanzenformen wie die der Palmen, der Nadelhölzer, der Kakteen, der Gräser, der Liliengewächse usw., die den Landschaften einen besonderen Charakter geben. Sie bestimmen «die Physiognomie der Vegetation eines Landes».[52] Um Physiognomik, die in der Erscheinung den Ausdruck eines inneren Wesens erfasst, geht es hier nicht.

Und Physiognomik etwa im Lavaterschen Sinne gilt mit Recht als ein fragwürdiges Unternehmen. Man kommt da in ein Gebiet, das in verschiedener Hinsicht unsicher und unabgesichert ist. Es fehlen die anthropologische Grundlegung und eine Methode, die subjektive Interpretation und Erkenntnis voneinander abzugrenzen vermag.

Seit einer Reihe von Jahren werden aber durch die Wissenschaft ignorierte Aspekte der Natur thematisiert. Das Postulat der distanzierten, objektivistischen Forschung gilt zunehmend als problematisch. Die «Reduktion der Natur zum Objekt» (Gernot Böhme) wird als jene Sichtweise gekennzeichnet, die den Boden für die Ausbeutung und Zerstörung der Natur bereitet hat. Sie hat vieles von dem, was die Natur in ihrer Totalität ist, ausgeblendet. Vor allem ist die ästhetische Erfahrung der Natur zum Thema geworden. Aus dem ziemlich weiten Spektrum der Arbeiten sei auf einige hingewiesen, die zum Inhalt dieser Schrift einen engeren Bezug haben. Nach den Studien von Martin Seel gehört zu den verschiedenen Formen ästhetischer Naturerfahrung die «imaginative Naturwahrnehmung». Diese ist aber etwas anderes als das imaginative Anschauen dieser Schrift. Es handelt sich nicht um eine Erkenntnisform, die von der ästhetischen Wahrnehmung aus in eine bisher verborgene Schicht der Natur vordringt, sondern um Bilder und Erlebnisse von Kunstwerken, die an der Begegnung mit der Natur wieder wachgerufen werden und den Natureindruck in einer bestimmten, dem Kunstwerk entsprechenden Weise auffassen lassen. Es ist eine «projektive Imagination»; die «imaginative Natur ist ... Gegenstand der Fantasie».[53]

In den Arbeiten von Gernot Böhme geht es um andere, stärker auf die Natur selbst gerichtete Aspekte. Nach Böhme kann man über jenen engen Ausschnitt, der von der Naturwissenschaft erforscht wird, hinauskommen. «Die Natur ist dem forschenden Menschen etwas Fremdes, das ihm gegenübertritt. Er betrachtet die Natur von außen und kann versuchen, aus ihren Zügen ihren Charakter zu lesen.» Böhme fährt fort: «Freilich tut der Naturwissenschaftler das gewöhnlich nicht. Er ist seines Zeichens kein Physiognom.»[54] Er hält es aber für möglich und berechtigt, bei der Erforschung der Natur von der primär analytischen Betrachtungsart zu einer physiognomischen überzugehen. Das verlangt, dass man die distanzierende Betrachtung aufgibt und sich auf die Erscheinung so weit einlässt, dass man – nach Böhmes Worten – in der eigenen Befindlichkeit berührt wird. Für Böhme ist das Ziel einer ästhetischen Theorie der Natur eine Physiognomik der Dinge.[55] Nach Klages erfasse man den Ausdruck, den man beim Wahrnehmen lebendiger Gestalten bemerkt, nur im inneren Mitvollzug. «Das heißt, dass die Wahrnehmung von Ausdruck auf einer inneren Verwandtschaft des Wahrnehmenden mit dem Wahrgenommenen beruht.»[56]

Das hat eine überraschende Nähe zu unseren eigenen inhaltlichen und methodischen Ausgangspunkten. An einem entscheidenden Punkt besteht aber eine erhebliche Differenz, nämlich in der Auffassung dessen, was Physiognomie ist. Im Wahrnehmen einer Physiognomie erlebt man den Ausdruck eines Inneren, Seelischen. Deshalb unterscheidet man in der Physiognomik dieses Innere und den Leib, in dem es zum Ausdruck kommt. Dieser Auffassung setzt Böhme eine andere entgegen. Für ihn ist bei einer Wahrnehmung das «Spüren der Atmosphäre», die von einem Ding oder Menschen ausgeht, die primäre und wesentliche Erfahrung. Durch das, was man als Atmosphäre erfasst, bekommen nach Böhme die Züge des dinghaft Wahrgenommenen erst ihre physiognomische Bedeutung. Und so sei das, was man in einem Antlitz wahrnimmt, «Ausdruck ohne Subjekt, das sich ausdrückt».[57]

Diese Auffassung ist schwer nachvollziehbar und ohne bestimmte Anschauungen aus der Phänomenologie von Hermann Schmitz kaum zu verstehen;[58] sie steht mit der unmittelbaren Erfahrung beim Wahrnehmen des menschlichen Antlitzes, der Gebärden, der Haltung usw. zu sehr im Widerspruch.[59]

Böhme bezeichnet seine Interpretation von Physiognomie als Befreiung von den Problemen der bisherigen Physiognomik. Er schreibt: «Eine solche Befreiung ist nötig, da es für eine Physiognomik der Natur … keinen Sinn macht, eine Differenz des Inneren und des Äußeren anzusetzen.»[60] Woher weiß man aber von vornherein, dass in den physiognomischen Gestaltungen der Natur nichts an seelischen Eigenschaften anwesend ist? Doch wohl nur, wenn man meint, dem objektivistischen Standpunkt würde sich doch irgendwann einmal das Ganze der Natur erschließen, oder wenn man das Physiognomische in einer so ungewöhnlichen Weise wie Böhme deutet. Mit der Hinwendung zum physiognomischen Charakter der Naturerscheinungen lenkt Böhme die Aufmerksamkeit und das Interesse auf eine wichtige Dimension der Natur – und spricht ihr sogleich das Seelische, das dem Physiognomischen im Bereich des Lebendigen doch wohl zugrunde liegt, ab.

Auch Martin Seel kann in der physiognomischen Naturerfahrung keinen Hinweis auf eine tiefere Dimension der Wirklichkeit sehen. Die Natur löse durch ihre Atmosphären und Charaktere im Menschen wohl Gefühle und Stimmungen aus: «Was wir im Wahrnehmen von Ausdruckscharakteren ... erfahren und was wir mit expressivem und atmosphärischem Vokabular beschreiben, sind nicht Absichten oder Stimmungen der Natur, ist auch nicht der Schein solcher Absichten und Stimmungen, es ist unsere eigene affektiv erschlossene Lebens- und Erlebensmöglichkeit in und mit der Natur.»[61] Man weiß – aus einer antimetaphysischen Einstellung – Bescheid, bevor man begonnen hat, das, was man behauptet, konkret zu untersuchen. Mit Philosophie allein wird man den Forderungen einer Naturästhetik offensichtlich nicht gerecht. Selbstverständlich auch nicht durch Rückgriff auf Anschauungen, die im Mittelalter Gültigkeit haben mochten. Aus der Erfahrung von Naturschönheit, auch wenn sie noch so tief ist, kann man nicht schließen, dass die Natur Schein des Göttlichen sei.[62]

Gegen jene Position, die in der Natur Gebilde und Vorgänge sieht, die nur eine äußere Betrachtung zulassen, wendet sich Vittorio Hösle. Er schreibt, die Auffassung, zur Natur gehöre keine «Innenseite, die als solche nicht quantifizierbar sei»,[63] sei nur eine Behauptung. «Und wenn man erkannt hat, dass die Entsubjektivierung des Gegenstandes der Naturwissenschaft zwar unter bestimmten Bedingungen eine nützliche Annahme sein mag, dass sie sachlich aber noch nicht schon damit legitimiert werden kann, dass fremde Innenseiten weder der äußeren Beobachtung noch der Introspektion zugänglich sind ..., dann wird man erstens nach anderen Erkenntnisformen jenseits äußerer und innerer Beobachtung suchen, zweitens nach einer Metaphysik, die einen ontologischen Platz für einen solchen dritten Typus von Erfahrung bietet.»[64]

Eine solche andere Erkenntnisform ist die physiognomische Erkenntnismethode, die in den verschiedenen Kapiteln dieser Schrift begründet und entwickelt wird. Sie führt über den Dualismus von Subjekt und Objekt hinaus, indem durch Vertiefung der Selbsterkenntnis das Seelenleben zum Erkenntnisorgan für die Manifestationen des Seelischen in der Natur wird.

Durch die Untersuchungen über die Naturästhetik wird eine Grenze überschritten. Jener Bann, der Naturerkenntnis auf das bloß äußerlich Beobachtbare beschränkt, beginnt zu weichen. Der Weg zu weiteren Horizonten bzw. in tiefere Dimensionen wird frei. Um über sie etwas aussagen zu können, muss man aber neue Erkenntnismethoden ausbilden. Eine von ihnen ist z. B. die der Goetheschen Morphologie, auf die in dieser Schrift an verschiedenen Stellen hingewiesen wird, eine andere die physiognomische Erkenntnismethode.

Die verschiedenen Kapitel dieser Schrift wollen nicht wie sonst botanische Werke ein Wissen über Pflanzen vermitteln; dieses Wissen soll sich vielmehr verwandeln. Sie möchten zu einer neuen Form des Anschauens anregen, durch die die Erscheinungen transparent werden. In dem, was man bisher nur von außen gekannt und ästhetisch aufgefasst hat, wird dann inneres Wesenhaftes sichtbar. Wer übend zu dieser neuen Erfahrung kommt, weiß, dass das bloße Wissen von diesem Wesenhaften nicht mehr wert ist als das bisherige Wissen; es ist auch nur theoretisch. Die Erfahrung der Transparenz muss immer neu beim Betrachten der Pflanzen errungen werden. Sie lebt nicht im Wissen, sondern nur in der unmittelbaren Erfahrung, in der Begegnung. Diese Begegnung ist aber eine neue, höhere Form wissenschaftlichen Erkennens.

In dem eben Gesagten liegt auch der Grund, weshalb ich nicht auf die heute recht verbreitete Pflanzensymbolik eingegangen bin. In den Werken über Pflanzensymbolik werden seelische Eigenschaften in vielfältiger Weise bestimmten Pflanzen zugeordnet. Man trägt aus unterschiedlichen Quellen zusammen, was man dort an solchen Zusammenstellungen findet. Diese Art von Symbolik ist recht unbefriedigend. Sie kennt keine Kriterien und keine Methode zum Erschließen dieser zum Teil recht eigenartigen Zuordnungen. Man begegnet einer undurchsichtigen und vielfach verworrenen Tradition, die bestenfalls die Ahnung aufkommen lässt, es könne vielleicht doch eine Beziehung zwischen der Welt des Seelischen und der Pflanze geben. Diese Ahnung hat der Philosoph Theodor Lessing in seinem kurzen Essay «Gesichter der Blumen» mit folgenden Worten ausgesprochen: «Wenn wir nun aber bemüht sind, die Gesichter dieser Wesensgemeinschaften aufzuzeichnen, dann verfahren wir wie Kinder, die auf dem Klavier mit einem Finger nachspielen wollen, was hundert Klangwerkzeuge sie empfinden lehrten. Der Allgemeinbegriff ist zu schmächtig für das in zahllos flutenden Einzelformen sich immer neu erzeugende Gesamtbild. Und so braucht es, um das Bild aufzufangen, einer Innenschau, die wir nirgends finden, wenn nicht in der eigenen Seele.»[65] Mit den letzten Worten ist auf einen Weg gewiesen, der die dunklen Gefilde der Pflanzensymbolik auflichten kann. Es ist der Weg, der in dieser Schrift beschritten wurde.

Es wäre möglich gewesen, bei der Neuauflage zu den bisherigen Kapiteln einige weitere hinzuzufügen. Davon habe ich Abstand genommen. Das physiognomische Erkennen kann zunächst nur an Beispielen dargestellt werden. Eine umfassende systematische Behandlung ist prinzipiell auch möglich. Wichtiger ist aber, dass derjenige, der sich durch die Beispiele dieser Schrift anregen lässt, beim Betrachten weiterer Pflanzen besonnen und kritisch die Fähigkeit des physiognomischen Erkennens ausbildet.

Stuttgart, September 1995 *Ernst-Michael Kranich*

ANMERKUNGEN

1 J. Habermas, *Erkenntnis und Interesse,* Frankfurt am Main 1973, S. 32.

2 J. Mittelstraß, «Leben mit der Natur», in: O. Schwemmer (Hrsg.), *Über Natur,* Frankfurt am Main 1987, S. 51.

3 A. Portmann, «Biologisches zur ästhetischen Erziehung», in: *Biologie und Geist,* Frankfurt am Main 1968.

4 H. Schmitz, *System der Philosophie,* 3. Bd., 2. Teil, Bonn ^{2}1981, S. 96.

5 H. Primas: «Die Einheit der Wissenschaft: Ein gebrochener Mythos», Beitrag zur interdisziplinären Veranstaltung «Wissenschaft und Ganzheit» der Universität Zürich und ETH Zürich, November 1990, S. 1.

6 H. Primas, a.a.O., S. 4.

7 R. Steiner, «Der Erkenntnispfad und seine Stufen», Vortrag vom 20. Oktober 1906, in: *Ursprungsimpulse der Geisteswissenschaft,* Gesamtausgabe Bibliographie-Nummer 96 (= GA 96), Dornach 1974, S. 138.

8 Ph. Lersch, *Der Aufbau der Person,* München ^{11}1970, S. 197.

9 R. Steiner, *Ursprungsimpulse der Geisteswissenschaft,* GA 96, Vortrag vom 20. Oktober 1906, S. 144.

10 R. Steiner, *Theosophie,* GA 9, Dornach ^{31}1987, S. 158.

11 J. P. Eckermann, *Gespräche mit Goethe,* Gespräch vom 18. April 1827.

12 Zitiert nach R. Assunto, *Die Theorie des Schönen im Mittelalter,* Köln 1982, S. 201.

13 R. Steiner, *Die Schwelle der geistigen Welt,* GA 17, Dornach [5]1956, S. 58.

14 Gravitation bedeutet Verdichtung zum Erdmittelpunkt; sie führt zur Verfestigung und Erstarrung. Siehe hierzu R. Steiner, *Geisteswissenschaftliche Impulse zur Entwicklung der Physik. Zweiter naturwissenschaftlicher Kurs,* GA 321, Vortrag vom 7. März 1920, Dornach 1972, S. 105 f.

15 R. Steiner, *Theosophie,* GA 9, S. 100.

16 R. Steiner, ebd., S. 100.

17 J. W. von Goethe, «Bedenken und Ergebung», in: *Goethes Naturwissenschaftliche Schriften,* hrsg. von R. Steiner, Bd. 1, Bern [3]1949, S. 116 f.

18 G. Bateson, *Geist und Natur. Eine notwendige Einheit,* Frankfurt am Main 1982.

19 Siehe H.-P. Dürr, W. Ch. Zimmerli (Hrsg.), *Geist und Natur,* Bern / München / Wien 1989.

20 In: «Nacharbeiten und Sammlungen».

21 In: E.-M. Kranich, «Der Computer und das Lebendige»; in: E. Gergely, H. Goldmann (Hrsg.), *Computer, Mensch, Erziehung,* Wien / Köln / Graz 1988.

22 Novalis, *Werke,* hrsg. u. kommentiert von G. Schulz, München o. J., S. 458.

23 Der Wunsch ist keine einheitliche Seelenregung. Er nuanciert sich nach zwei Richtungen. Man kann einem anderen Menschen gute Gesundheit, Erfolg oder ein gütiges Schicksal wünschen. Neben diesem selbstlosen Wunsch gibt es den egozentrischen: Man wünscht sich dieses und jenes. Aus dem Gang der Betrachtung ergibt sich, dass es sich hier um den egozentrischen Wunsch handelt.

24 Ph. Lersch, *Der Aufbau der Person,* S. 256.

25 R. Steiner, *Okkultes Lesen und okkultes Hören,* Vortrag vom 5. Oktober 1914, GA 156, Dornach 1987, S. 57.

26 R. Steiner, *Erziehungskunst. Seminarbesprechungen und Lehr-*

planvorträge, Seminarbesprechung vom 1. September 1919, GA 295, Dornach [4]1984, S. 113 f.

27 Ph. Lersch, *Der Aufbau der Person,* S. 308.

28 R. Steiner, *Geisteswissenschaftliche Impulse zur Entwicklung der Physik. Zweiter naturwissenschaftlicher Kurs,* GA 321, S. 106 f.

29 Zitiert nach G. Heinz-Mohr, V. Sommer, *Die Rose. Entfaltung eines Symbols,* München 1988, S. 15.

30 C. G. Carus, *Psyche,* ausgewählt und eingeleitet von L. Klages, Jena 1926, S. 184 f.

31 Ph. Lersch, *Der Aufbau der Person,* S. 262.

32 H. Remplein, *Psychologie der Persönlichkeit,* München / Basel [7]1975, S. 158.

33 R. Steiner, *Ursprungsimpulse der Geisteswissenschaft,* Vortrag vom 21. Oktober 1906, GA 96, S. 156.

34 J. W. von Goethe, «Erster Entwurf einer Einleitung in die vergleichende Anatomie», in: *Goethes Naturwissenschaftliche Schriften,* hrsg. von R. Steiner, S. 248.

35 W. Kandinsky, *Über das Geistige in der Kunst,* Bern [10]1973, S. 93.

36 P. Matile, *Entwicklung einer Blüte.* Neujahrsblatt der Naturforsch. Gesellschaft in Zürich, 1978.

37 R. Steiner, *Ursprungsimpulse der Geisteswissenschaft,* Vortrag vom 20. Oktober 1906, GA 96, S. 144.

38 L. Wittgenstein, *Tractatus logico-philosophicus,* Frankfurt am Main 1964, S. 111, § 6.41.

39 J. Lovelock *Das Gaia-Prinzip. Die Biographie unseres Planeten,* Zürich / München 1991.

40 Diese Wahrnehmung geschieht durch den Sprachsinn. Siehe hierzu R. Steiner *Anthroposophie. Ein Fragment aus dem Jahre 1910,* GA 45, Dornach 1970, S. 29ff.

41 R. Steiner, *Erziehungskunst. Seminarbesprechungen und Lehrplanvorträge,* Seminarbesprechung vom 1. September 1919, GA 295, S. 113.

42 R. Steiner, «Der Geist im Pflanzenreich», in: *Antworten der Geisteswissenschaft auf die großen Fragen des Daseins,* Vortrag vom 8. Dezember 1910, GA 60, Dornach 1959, S. 167.

43 H. Jonas, *Das Prinzip Verantwortung,* Suhrkamp-Taschenbuch 1085, Frankfurt am Main ^{1}1984, S. 29.

44 H. Jonas, a.a.O., S. 30.

45 K. M. Meyer-Abich, *Wege zum Frieden mit der Natur,* Deutscher Taschenbuch Verlag, München 1986, S. 155.

46 Z.B. in *Die Geheimwissenschaft im Umriss,* GA 13, Dornach ^{30}1989, Kapitel «Die Erkenntnis der höheren Welten«; «Wer sind die Rosenkreuzer», Vortrag vom 14. März 1907, in: *Die Erkenntnis des Übersinnlichen in unserer Zeit,* GA 55, Dornach 1959; «Der Erkenntnispfad und seine Stufen», Zwei Vorträge vom 20. und 21. Oktober 1906, in: *Ursprungsimpulse der Geisteswissenschaft,* GA 96.

47 R. Steiner, *Ursprungsimpulse der Geisteswissenschaft,* Vortrag vom 20. Oktober 1906, GA 96, S. 144.

48 R. Steiner, ebd., S. 144.

49 W. Dilthey, *Gesammelte Schriften* Bd. 5, Stuttgart ^{3}1961, S. 318.

50 O. F. Bollnow, «Zur Frage nach der Objektivität der Geisteswissenschaften», in: S. Oppolzer (Hrsg.), *Denkformen und Forschungsmethoden in der Erziehungswissenschaft,* Bd. 1, München 1966, S. 65.

51 H. Jonas, *Das Prinzip Leben,* Frankfurt am Main 1994, S. 68.

52 A. v. Humboldt, *Ansichten der Natur,* hrsg. von W. Bölsche, Leipzig o. J., S. 226.

53 M. Seel, *Eine Ästhetik der Natur,* Frankfurt am Main 1991, S. 182.

54 G. Böhme, *Natürlich Natur. Über Natur im Zeitalter ihrer technischen Reproduzierbarkeit,* Frankfurt am Main 1992, S. 62.

55 G. Böhme, a.a.O., S. 138 f.

56 G. Böhme, a.a.O., S. 154.

57 G. Böhme, *Atmosphäre*, Frankfurt am Main 1995, S. 135.

58 H. Schmitz, *System der Philosophie*, 3. Bd., 2. Teil, Bonn [2]1981, bes. §§ 141, 146, 149.

59 Was menschliche Physiognomie ist, hat Ph. Lersch in seinem Buch *Gesicht und Seele* (München / Basel [6]1966) in gültiger Weise formuliert: Es handelt sich um ein «Ineinander- und Miteinanderexistieren» des Inneren und Äußeren. «Indem gewisse körperliche Erscheinungen sich vollziehen, der körperliche Zustand also in spezifischer Weise bestimmt ist, realisiert sich das, was wir in der Innenschau als rein seelischen Zustand der Traurigkeit oder der Angst kennen» (S. 17).

60 G. Böhme, a.a.O., S. 135.

61 M. Seel, a.a.O., S. 119.

62 Dieser Auffassung begegnet man in dem Buch *Subjektivität* von Joachim Ritter, Frankfurt am Main 1974, Kapitel «Landschaft».

63 V. Hösle, *Philosophie der ökologischen Krise*, München 1991, S. 55.

64 V. Hösle, a.a.O., S. 57.

65 Th. Lessing, *Ich warf eine Flaschenpost ins Eismeer der Geschichte*, Frankfurt am Main [2]1989, S. 278.

ERNST-MICHAEL KRANICH

Pflanze und Kosmos

Grundlinien einer kosmologischen Botanik
343 Seiten, zahlreiche Abbildungen
gebunden mit Schutzumschlag.

An zahlreichen praktischen Beispielen zeigt Ernst-Michael Kranich die kosmische Natur der Pflanze, ihre Eingebundenheit in die planetarischen Formgesetze.

Aus dem Inhalt: *Die Fragestellung / Zur Methode / Die Urpflanze und ihr kosmisches Urbild / Der Zentralspross / Die rhythmische Ordnung im Planetensystem / Die Geste der Blattbildung / Die Bildung der Blütenhülle / Stempel – Staubgefäße – Bestäubung / Übersicht über die obersonnigen Planeten und das Planetensystem / Frucht und Same / Keimung und Wurzel / Zusammenfassung – die Pflanze als Organismus / Über den Zusammenhang der Gestaltbildung mit den Lebensprozessen.*

Verlag Freies Geistesleben